KARI KUUSELA

フィンランドの
ドイツ戦車隊

WEHRMACHTIN PANSSARIT SUOMESSA

カリ・クーセラ──[著] 斎木伸生──[訳]

出典

　本書に用いた主要資料は、ヘルシンキのフィンランド軍事公文書館（ソタ・アルキスト）に収められたマイクロフィルムである。これらのマイクロフィルムは、第20軍最高司令部とその前任のノルウェー軍最高司令部、フィンランド野戦司令部の文書からなる。これらの文書にはもちろん、より下位の軍団、師団司令部の文書も含まれる。これらの文書はフィンランドが入手し、フィンランド軍事史の研究に供されたものである。ほとんどのマイクロフィルム化された文書は、ドイツの作戦参謀の手になるものである。文書は参謀部員の戦時日誌や非常に重要な書簡、重大なテレックス、無線発信などからなる。

　文書によって対象となる戦車部隊の兵力や配置などが明らかになった。残念ながらこれら比較的小規模な部隊の日常生活や戦闘活動などを扱った文書は、それほど多くは発見できなかった。同様に1944年夏にフィンランド南部で行動した突撃砲部隊について取り扱った文書もほとんど知見できなかった。これらの部隊はフィンランド軍司令部の指揮下で行動しており、彼らに関して述べた文書はフィンランド軍事公文書のマイクロフィルムには含まれていなかった。

　二義的な資料としては、ドイツ戦車部隊について扱ったフィンランド軍部隊の文書がある。これらの文書のほとんどは、1941年夏および秋か1944年夏（カレリア地峡とヴィープリ湾岸の戦い）の日付のものである。多くの場合ドイツの戦車および突撃砲部隊はフィンランド軍部隊の指揮下に配属された。しかしこれらの文書は断片的で、ドイツ軍部隊に関する包括的なイメージを構成するには不十分である。

　3番目の主要な資料は、書籍および雑誌上に掲載されたフィンランドおよびドイツの軍事誌に関する記事である。ただしこれもまた断片的で、うまく全体像を描くことはできない。ドイツの戦車部隊に関する研究は、フィンランドにはほとんど存在しなかったと言っても良い。いくつかの記事と本でこの題材を扱っているが、ここに書かれたすべての部隊を発見することはできなかったのだ！　ドイツ語の文献は主としてもっと大きな連隊か師団規模の部隊を扱ったものがほとんどで、ここで書かれたような小さな部隊を扱ったものは無かった。しかしながらいくつかの文献で、フィンランドで作戦した部隊について触れられていた。

　著者は1980年代初めに、かつて突撃砲部隊に勤務していた人々へのインタヴューも行っている。オーストリアおよびドイツ在住のおよそ20人ほどで、第741、742突撃砲大隊か第303突撃砲旅団に勤務した人達である。元兵士と接触できたのは、旧軍人達の組織、突撃砲協会のおかげである。得られた情報は本書の記述の上に反映されている。残念ながら戦車の乗員にたいしては、同様な接触方法はみつからなかった。

　本書はこのテーマに関する最終報告書となるわけではない。おそらく第40特別編成大隊や第211戦車大隊などの大隊レベルの文書の助けを借りて、このテーマについては、もっと拡大し発展させることが可能となろう。ソ連の崩壊と東欧の変革後公開された文書の中から必要な文書が発見されるかもしれない。そしていつの日か本書の空白が埋められることを希望するしだいである。

目次

- 出典 …………………………………………… 2
- なぜ第二次世界大戦中にドイツ戦車が
  フィンランドに展開したのだろうか？ ……… 5
  - ◆バルバロッサ作戦 ……………………… 7
- 第40特別編成戦車大隊　14
  - ◆ノルウェーへの攻撃 ……………… 14
  - ◆F戦闘団の第40戦車大隊第3中隊、ウフトゥア近郊の戦い… 15
  - ◆ノルウェー山岳軍団の第40特別編成戦車大隊第1中隊… 34
  - ◆アラクルッティ近郊の第40戦車大隊 ……………… 38
  - ◆キエスティンキの第40戦車大隊 …………………… 42
  - ◆冬季宿営地の第40戦車大隊 ………………………… 56
  - ◆1942年春、キエスティンキでの戦闘 ……………… 57
  - ◆第40戦車大隊のノルウェーへの移動 ……………… 63
- 第211戦車大隊　88
  - ◆サッラおよびアラクルッティの第211戦車大隊 …… 88
  - ◆第211戦車大隊のフィンランド師団への移行 ……… 93
  - ◆第211戦車大隊の防衛戦闘 ………………………… 97
  - ◆フィンランド軍と戦う第211戦車大隊 …………… 107
- 修理小隊 ……………………………………… 111
- 第217、218、219戦車小隊 ……………………… 120
- 特別編成戦車保安中隊 ………………………… 126
- 第20(山岳)軍最高司令部装甲車小隊 ………… 129
- その他の戦車および不確かなケース ………… 130
- 第741、742突撃砲中隊 ………………………… 139
- 第11ロケット砲大隊第21(自走)中隊 ………… 155
- 第303突撃砲旅団　164
  - ◆1944年初めからの前線での行動 ………………… 166
  - ◆イハンタラの戦いでの第303突撃砲旅団第2中隊 …… 168
  - ◆ビョルクマン分遣隊の一部となった第303突撃砲旅団第1中隊… 170
  - ◆ヴオサルミの第303突撃砲旅団第3中隊 ………… 174
  - ◆第303突撃砲旅団の重要性 ……………………… 177
- 第1122突撃砲大隊 ……………………………… 187
  - ◆フィンランドに到着しなかった突撃砲部隊 ……… 195
- あとがき ……………………………………… 198
- 奥付 …………………………………………… 200

なぜ第二次世界大戦中にドイツ戦車が フィンランドに展開したのだろうか？

　1941年から1944年にかけて、ソ連軍と戦うため20万人に上るドイツ軍が、フィンランド領土に展開していたことは、一般に知られている。これらの部隊のほとんどは、いわゆる継続戦争（「ヤトコソタ」1941～44年のソ・フィン戦争のフィンランド側の呼び名）期間中に、北部フィンランド防衛のために戦った。また、これらの部隊は、フィンランドがソ連と休戦するという政治的、軍事的状況の変化によって、1944年秋以降、フィンランドから撤退したことも知られている。その際彼らは、ノルウェーへの撤退を成功させるため、かつての同盟者であるフィンランド軍部隊と戦火を交えなければならなかった。

　フィンランド人にとっては、いわゆるラップランド戦争（「ラピンソタ」1944年秋以降のフィンランド軍と撤退するドイツ軍との戦争）と、それにともないフィンランド北部から撤退するドイツ軍が行った、建物や道路にたいする破壊についての記憶だけが新しいが、これらフィンランドに展開したドイツ軍部隊の編成と行動については、これまでほとんど知られて来なかった。1941年から始まる、フィンランド北部での戦車部隊の運用に関して述べるには、もう何年間か歴史をさかのぼらなければならないだろう。

　1939年、ドイツとソ連は、フィンランドを含むバルト海周辺地域の支配権を、悪名高き独ソ不可侵条約の秘密議定書によって、彼らだけでかってに取り決めた。この議定書によって、フィンランドはバルト諸国とともに、ソ連の勢力圏に含まれることになった。その結果、フィンランドはソ連の侵略にたいして、3カ月間の必死の戦いを行うことになる。英雄的な戦争、冬戦争（フィンランド語で「タルビソタ」とよばれる）は、1940年3月まで続くが、それまでフィンランドは事実上完全に孤立して戦い、耐え難い条件でソ連と講和せねばならなかった。その時点でフィンランド軍部隊は完全に消耗し尽くし、圧倒的な赤軍の攻撃から

1941年6月、巨大なバルバロッサ作戦の一部として何万人ものドイツ兵がフィンランドを行軍する。彼らはフィンランド北部の極めて困難な地形を乗り越えてソ連を攻撃した。

自国領土を守り通すことは、もはや不可能であった。

1940年の初夏、ドイツ軍はデンマークとノルウェーにたいする電撃的侵攻に着手し、両国をわずか数週間で占領した。英仏はノルウェーに遠征部隊を派遣したものの、スカンジナビア半島の大部分がドイツの支配に落ちることを防ぐことができなかった。ノルウェー北部で、数カ月前のポーランドに続いて、ドイツはソ連と国境を接することになった。同じころソ連の側はエストニア、ラトビア、リトアニアのバルト三国の占領を進め、さまざまな手段を使ってフィンランドにも圧力をかけ始めた。

1940年夏、ドイツはだんだんとフィンランドへの関心を高めていった。とくに彼らが関心を抱いたのは、フィンランド北東端にあるペツァモのニッケル鉱山についてであった。ニッケルは金属工業に欠かせない、重要な希少金属であった。ペツァモのニッケル鉱山は、ヨーロッパ全体からみても相当重要な位置を占めており、このためそれをソ連の手の届かないものにする必要があった。

また別のフィンランドへの関心は、フィンランド領土を、ノルウェー北部のドイツ軍の輸送ルートに使用することであった。交渉の結果1940年9月に、ボスニア湾からノルウェーまでフィンランド領土を経由しての、ドイツ軍将兵と補給物資の輸送が認められることになった。これ以後フィンランドの政治指導者は、ソ連からの増大する圧力に対抗するため、ますますドイツからの支援を求めていった。

ドイツでは、アドルフ・ヒットラー総統が政治的理由から、1940年7月にはソ連にたいする攻撃の検討を開始した。後にバルバロッサ作戦として実行される彼の作戦計画において、作戦に加わるべき同盟国がリストアップされた。フィンランドはごく自然にその中に含まれることになった。しかしドイツ軍の計画がフィンランドに伝えられたのは、1941年にドイツ軍のソ連侵攻作戦が実際に開始される直前のことであった。フィンランド軍とドイツ軍の参謀部員は密接な協力関係にあったが、1941年5月にフィンランドの軍事代表団はザルツブルグに飛び、来るべき侵攻作戦について議論を交わすことになったのである。このときソ連への攻撃は、わずか数週間後に迫っていた。

1940年12月、ヒットラーはバルバロッサ作戦の戦略構想を定めた、総統指令第21号に署名した。この

フィンランドに進駐した第40戦車大隊は、1940年春ノルウェー侵攻作戦に参加した。写真はノルウェーで撮影された第40戦車大隊のⅠ号戦車A型。前面板に描かれた円形にVのマークに注目。この大隊記号は大隊長の名前フォルクハイムからとったものである。

指令では、ペツァモの占領とドイツ軍によるムルマンスク攻撃が要求されていた。このときのプランは何度も変更され、政治状況の変化や来るべき作戦地域についての知識を取り入れた上で、1941年始めに詳細が定められた。こうしてドイツ軍の戦車がフィンランドに展開することとなり、ヒットラー自らがフィンランド北部から東方への攻撃を決定したのである。

◆バルバロッサ作戦

最終的なプランでは～実際ほとんどはこのプラン通りになったのだが、ドイツ軍は部隊を3つの主要攻撃方面に集中させることが決められた。まず一番北では、ペツァモからムルマンスクを狙うことになった。一番南ではウフトゥアからロウヒを目指す。3つ目の中央部では、最初の攻撃はサッラに向かい、それからカンタラハティに進む。

このプランに戦車部隊が使用されることがいつ決められたかははっきりしない。しかし第40特別編成戦車大隊（z.b.V 40）と第211戦車大隊の2個戦車大隊は、すでに輸送計画に盛り込まれていた。これらの部隊が含まれた理由ははっきりしないが、先々の戦闘で重要な役割を果たすと考えられたのではないだろうか。あらかじめ研究した結果でなければ、戦車が北方に送られることはない。将来の戦闘地域について検討されたが、その結果いくつかの問題点が明らかになっていた。しかしそうした難点のほとんどは、現場でその場になってみなければわからないようなものだった。例えば道路事情は、事前には実際よりも相当良好だと考えられていたのである。

第40特別編成戦車大隊は、1940年春ノルウェー占領に加わり、その後オスロ近郊の基地に駐屯していた。このため北方の荒れ果てた地域での戦闘経験を有していた。それにスカンジナビアの冬に関してもいくらかの経験があった。南ノルウェーの冬はフィンランド北部のものとは相当異なるものではあったけれども。部隊の最大の弱点は、装備する機材が旧式機材ばかりだったことである。保有する戦車のほとんどは、I号、II号の軽戦車だったのである。

第40特別編成戦車大隊のz.b.Vの略号は、ドイツ語のzu besonseren Verwendungから来ている。これは直訳すれば特別に使用されるという意味である。実際にはこの意味は、この大隊が独立大隊であることを示している。このため第40特別編成戦車大隊は、どの戦車連隊にも隷属していない。この時期の部隊長は、K.フォン・ハイメンダール中佐であった。

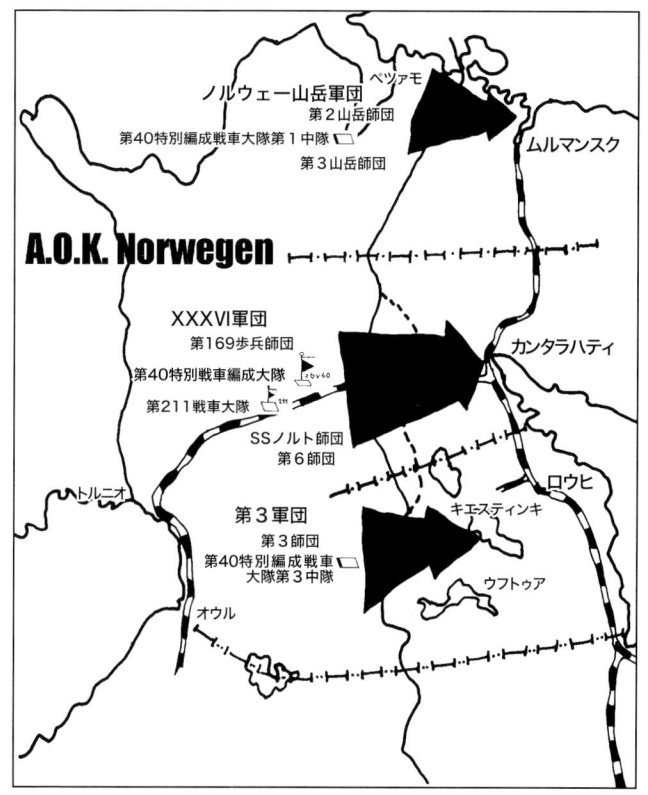

1941年6月、フィンランドのドイツ軍部

第40特別編成戦車大隊は、オスロからフィンランドまで、ブラウフクス（青ギツネ）2作戦の一部として輸送された。ブラウフクス2では、XXXVI軍団のほとんどが輸送されている。例外となったのが大隊の第1中隊であった。中隊は1940年終わりにノルウェー北部にあり、第2山岳師団とともにキルッコニエミからペツァモに移動した。

第211戦車大隊は、編成されたばかりの部隊で、全く戦闘経験を持たなかった。しかし部隊に配属された隊員の多くは、戦闘経験を持っていた。ただ部隊全体としてはまだ戦闘の試練をくくり抜けてはいなかった。大隊の装備は、戦車、自動車ともにフランス製が充てられていた。これには1940年にフランス戦の結果接収され、ドイツ軍に配備されたものであった。これらの車両はすべて、完全に異なる地形、異なる気候条件のもとで使用されるべく設計されており、フィンランドでの作戦には適したものではなかった。第211戦車大隊は、ブラウフクス1の一部として、第169歩兵師団とSS山岳戦闘団「ノルト」とともに、ドイツ

のシュテッチンからフィンランドに船積みされた。

　今後の攻撃作戦については、1941年6月初めにフィンランド軍との間で調整が行われた。そうしてフィンランド北部に、人員、装備の一大輸送作戦が挙行された。ノルウェー北部に展開していた部隊は道路を使用してフィンランドに向かったが、ドイツ本土とノルウェー南部からの部隊は、主としてボスニア湾岸のフィンランドのいくつかの港に上陸した。輸送は6月初めに開始され、数週間かかった。輸送の遅れの結果、ドイツ軍の作戦準備は、1941年6月22日のバルバロッサ作戦開始の、ほんの数日前にならなければ整わなかった。フィンランド軍も部隊の動員を行ったが、こちらからは攻撃せず赤軍からの攻撃を待つことに定められた。

　ドイツ軍は、ノルウェー軍最高司令部フィンランド野戦司令部の名前で、自身の司令部をロバニエミに開設した。こうしてフィンランドに展開するドイツ軍部隊は、ノルウェーのドイツ軍部隊と同じ司令部に隷属することになったが、作戦上独自の参謀部を持つことになった。このやり方はいくらか非能率であり、後にフィンランドのドイツ軍部隊は、独自の軍を編成することになる。

　ラップランド軍は、北から南に以下の部隊が配置された。

ノルウェー山岳軍団
第2山岳師団
第3山岳師団

XXXVI軍団
第169歩兵師団
SS山岳戦闘団「ノルト」
第6師団（フィンランド歩兵師団）

フィンランド第III軍団
第3師団（フィンランド歩兵師団）

それぞれの軍団には、それぞれより小さい規模の部隊が含まれていた。

ノルウェーで撮影された第40戦車大隊のI号戦車A型。このちっぽけな戦車は1941年の水準では実際旧式化しており、敵戦車にたいして無力であった。

前記3つの軍団のうち2つはドイツ軍で3つ目はフィンランド軍であったが、これらはすべてドイツ軍の司令部に隷属していた。ノルウェーに展開していた山岳師団は、中部ヨーロッパの戦域で行動するように特別に訓練されていた。第169歩兵師団は普通の歩兵師団であり、第6師団は普通のフィンランドの歩兵師団であった。SS山岳戦闘団「ノルト」は、1941年の時点では訓練未了で急いで編成された部隊であり、戦闘能力は疑わしかった。フィンランド第3軍団は、フィンランド北部に居住していたフィンランド人予備役兵から編成されていた。

　ラップランド軍には、前述したように、2つの別々の戦車大隊が所属していた。これらの部隊は以下のように分割されていた。XXXVI軍団には、2個の戦車大隊が隷属していた。ただし第40特別編成戦車大隊の第1中隊は第2山岳師団に隷属したままであった。この中隊は山岳師団とともに北極海岸のペツァモに前進することになる。また第3中隊もフィンランド軍に分属され、フィンランド第III軍団に隷属していた。

　両戦車大隊ともに6月終わりに、ボスニア湾岸の港から鉄道によって集結地域に輸送された。その後第40特別編成戦車大隊は、ロバニエミの北東約30kmの位置に配備され、第211戦車大隊はサブコスキのすぐ背後に配備された。ドイツ軍とフィンランド軍部隊両者の輸送のため、鉄道輸送は輸送能力を完全に越えていたため、装甲部隊の装輪車両は集結地域まで道路上を自走しなければならなかった。この道こそロバニエミから北へ連なる道、いわゆる北極ハイウェイであった。この道路は行軍隊形をとったドイツ軍車両の列で埋められたのである。

　1941年6月22日のバルバロッサ作戦開始当初は、フィンランドはまだソ連に宣戦布告していなかったため、フィンランド北部のドイツ軍部隊は、6月29日にフィンランド軍が攻撃を開始するまで待機しなければならなかった。同じくドイツ軍部隊はバルバロッサ作戦開始以前には、北極ハイウェイから東へは移動することも禁じられていた。こうして攻撃発起点までの移動は、バルバロッサ作戦が完全に発動されるまで遅れることとなった。

1941年6月フィンランド北部ラップランドを進軍するドイツ軍。彼らは基本的に「歩兵」部隊であった。将兵は自らの足で歩かなければならず、補給部隊は多数の馬とロバを使用した。

ノルウェーを行動するⅠ号戦車A型。すぐ隣を歩く兵と比べてもこの戦車の小ささがわかる。

ノルウェーで撮影された第40戦車大隊のⅡ号戦車。本車も1941年には旧式化していた。車体側面装甲板に薄っすらと部隊マークが描かれているのがわかる。

第40戦車大隊のⅡ号戦車と前進する歩兵、ノルウェーで撮影されたもの。ノルウェーでの短い戦闘とその後の駐屯は、第40戦車大隊によい経験となり、フィンランドでの作戦の助けとなったろう。ノルウェーでもフィンランドでも、戦車は道路上しか行動できなかった。ただしノルウェーは山がちな地形なのにたいして、フィンランドのラップランドは通り抜けることのできない森林地帯であった。

ペツァモから東方に攻撃したノルウェー山岳軍団は行動困難な地形に直面した。上の写真は、1941年8月、ペツァモのアラリオスタリ教会脇を走行する第2山岳軍団の車両を撮影したもの。車両はオーストリアのシュタイアー・ダイムラー・プフ社製のADMK装輪装軌両用車両で、本車は車輪でも履帯でも走行することができた。下の写真は冬季の雰囲気を伝えるものだ。この寒さが東部戦線最北のドイツ山岳部隊を待ち受けていた。

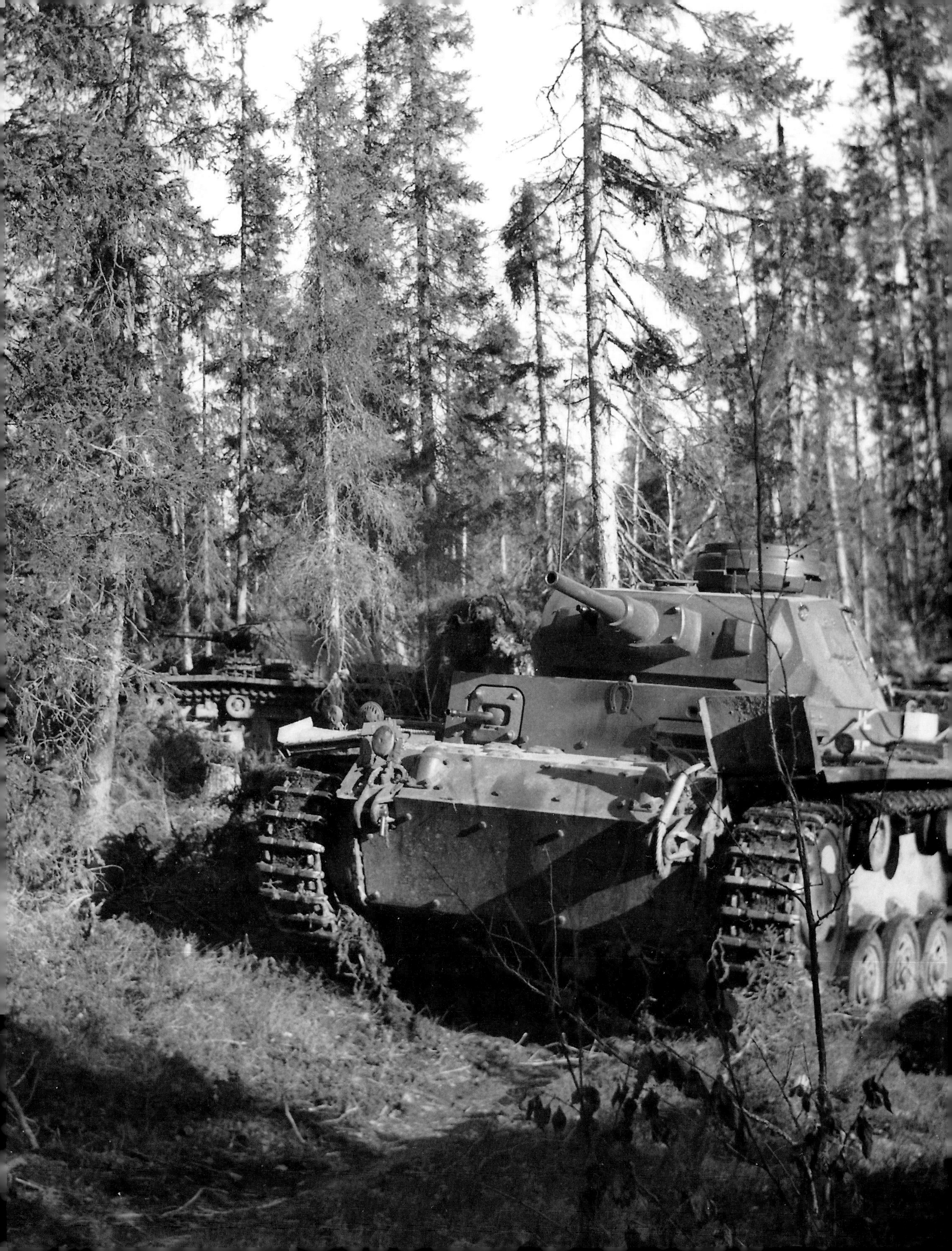

第40特別編成戦車大隊

◆ノルウェーへの攻撃

　第40特別編成戦車大隊は1940年3月8日にノイルッペンで、デンマークとノルウェーの攻撃に使用するため編成された。新しい大隊サイズの部隊を編成するために、3つの別々の戦車連隊から3つの戦車中隊が集められた。第3戦車師団の第6戦車連隊からその第6中隊が、第4戦車師団の第35戦車連隊からその第1中隊が抽出された。そして3番目の中隊は第5戦車師団の第15戦車連隊から抽出されている。こうした部隊新編は、ドイツ軍では典型的なやり方である。

　既述のように第40特別編成戦車大隊のz.b.Vの略号は、ドイツ語のzu besonseren Verwendung（特別使用）から来ている。実際にはこれは、この大隊が独立大隊であり、どの戦車連隊にも隷属していないことを示す。以下第40特別編成戦車大隊は第40戦車大隊と略すことにする。

　新編された第40戦車大隊が最初に戦闘行動に参加したのは、デンマークとノルウェーにおいてであった。大隊の最初の指揮官はフォルクハイム中佐である。このときデンマーク占領には第1中隊しか参加しておらず、この中隊は後に船積みされて、ノルウェーで残りの2個中隊に合流している。1940年4月16日に大隊の主要部分はオスロに到着し、その1週間後に作戦行動が開始された。

　第40戦車大隊は4月から5月にかけて、いくつかの小グループに別れてさまざまな歩兵部隊に分属されて、バラバラに戦闘に参加した。その主要部分は戦闘

前線に急ぐ第40戦車大隊第3中隊のⅢ号戦車H型。1941年7月1日撮影。

しながらトロンヘイムに達したが、そこより北には動かなかった。ただし1個中隊は5月中にトロンヘイムより、わずかに北まで行動している。大隊は各種の状況下で行動したが、基本的にいくつかの道路に依存して行動した。このときの経験は、大隊が1年後にフィンランドに移動した際に、おおいに役立ったことであろう。ノルウェーでの戦闘後、第40戦車大隊はオスロ北部に配置されて予備部隊として、兵営暮らしを始めることになる。大隊の第1中隊だけがノルウェー北部に移送されて、ディートル将軍のノルウェー山岳軍団に配属されることになる。山岳軍団の任務のひとつは、フィンランドのペツァモにあるニッケル鉱山の占領準備をすることであった。1941年春、中隊はソ連攻撃準備のためフィンランドに移動する。

第40戦車大隊の主要部分は、1941年6月にノルウェーのオスロから船で、フィンランド西部のボスニア湾岸の港名不詳の港へと輸送された。この海上輸送は、第XXXVI軍団の輸送作戦、ブラウフクス2の一環であった。港から大隊は鉄道と道路とで、サッラ戦区まで輸送された。そこで大隊はサルミ湖～マルカ湖道に沿った野営地に入った。このときの大隊長はK.フォン・ハイメンダール中佐であった。

大隊はこのときふたつのグループに分けられた。本部と第2中隊はXXXVI軍団所属に留まったが、第3中隊はフィンランド第III軍団の配備地域に派遣された。第III軍団は2つの戦闘団に分けられていた。J戦闘団は戦区の北部で行動し、クーサモからソフヤナを攻撃し、さらにキエスティンキに向かう。F戦闘団は南部で行動し、ラーテ道からヴォックニエミと、ウフトゥア目指して攻撃する。

両フィンランド「戦闘団」は、実際には増強歩兵連隊規模であった。

◆F戦闘団の第40戦車大隊第3中隊、 ウフトゥア近郊の戦い

ヴァルター中尉が指揮する第40戦車大隊第3中隊は、1941年6月25日、ラーテ道とラーテバーラへの進撃を開始した。ここでフィンランド第5軽分遣隊とドイツ戦車中隊は、フォッシ分遣隊と呼ばれる戦隊を編成することになった。フォッシというのは、フィン

ドイツ戦車乗員が、乗車のII号戦車A型の機関砲の整備を行っている。1941年6月27日の撮影で、国境を越えて攻撃が開始される数日前の撮影である。

前線へ急ぐ第40戦車大隊のⅢ号戦車。7月1日の撮影。フィンランド兵が砲塔上に座っているのに注目。彼はガイドか戦車の敵味方識別のためか。

同じ乗員の乗ったⅢ号戦車。7月11日にヴオッキニエミで撮影されたもの。

前線へと向かうⅢ号戦車J型をドイツ軍、フィンランド軍士官が見守る。

攻撃開始を待ちながら、ドイツ兵達が使用火器の手入れに余念がない。Ⅱ号戦車には300の砲塔ナンバーが描かれており、大隊本部中隊の車両である。

Ⅲ号戦車の乗員が写真撮影のためにポーズをとっている。6月27日、クイヴァスヤルヴィで撮影されたもの。

ランド側の指揮官アルフォンス・ヤルヴィ少佐のニックネームであった（訳者註：アルフォンスから来たもの？）。部隊の任務は、高速機動と縦深攻撃能力を活用して、道路上をヴオッキニエミまで前進することであった。ヴオッキニエミそれ自体はやはりF戦闘団に所属するM分遣隊の第1目標であった。

　7月1日の夜明け、F戦闘団は攻撃を開始した。M分遣隊はすぐにヴァソヴァーラを占領し、続いて9時にはラトヴァ湖への攻撃にとりかかった。M分遣隊が数両の軽戦車の支援を受けてラトヴァ湖を占領した後、フォッシ分遣隊は部隊の先頭に立って前進するよう命令を受けた。イルヴェスヴァーラには15時に到着した。20時になってケナス湖近くの敵陣地に突き当たり、初めて攻撃は停止させられた。道路事情の悪さと敵の抵抗によって、前進速度は低下せざるを得なかった。先頭は40kmもの前進に成功した一方で、何両かの戦車は後方に脱落していた。これは条件を考えれば、ほとんど電撃戦と言っていいような速度であっ

た。翌日、部隊のほとんどは、補給車両を待つため道路上に戻った。攻撃は7月2日の17時に再開された。そしてヴオッキニエミは、その夜遅くに占領された。

　ヴオッキニエミの背後にある橋は、ソ連軍によって破壊されてしまった。その修理には時間がかかったが、それにもかかわらず先鋒はポンカラハティに到達し、フォッシ分遣隊も7月5日にはオイナスニエミにたどり着いた。オイナスニエミは、何両かの戦車の支援を受けて翌日に占領された。攻撃はヴオンニネン川岸で停止した。この川は7月14日まで渡ることができなかった。しかし渡河は、ソ連軍の反撃によって一部の部隊が対岸の陣地に押し戻され、結局攻撃は中止された。この段階では戦車は予備として留まり、川が渡れるようになるのを待っていた。

　7月18日、ソ連軍がヴオンニネン川の西岸から撤退した後になって、攻撃は再開された。戦車は7月21日に、浮橋を使って川を渡された。フィンランド軍の攻撃は、今やピスト川を目指していた。川に到達

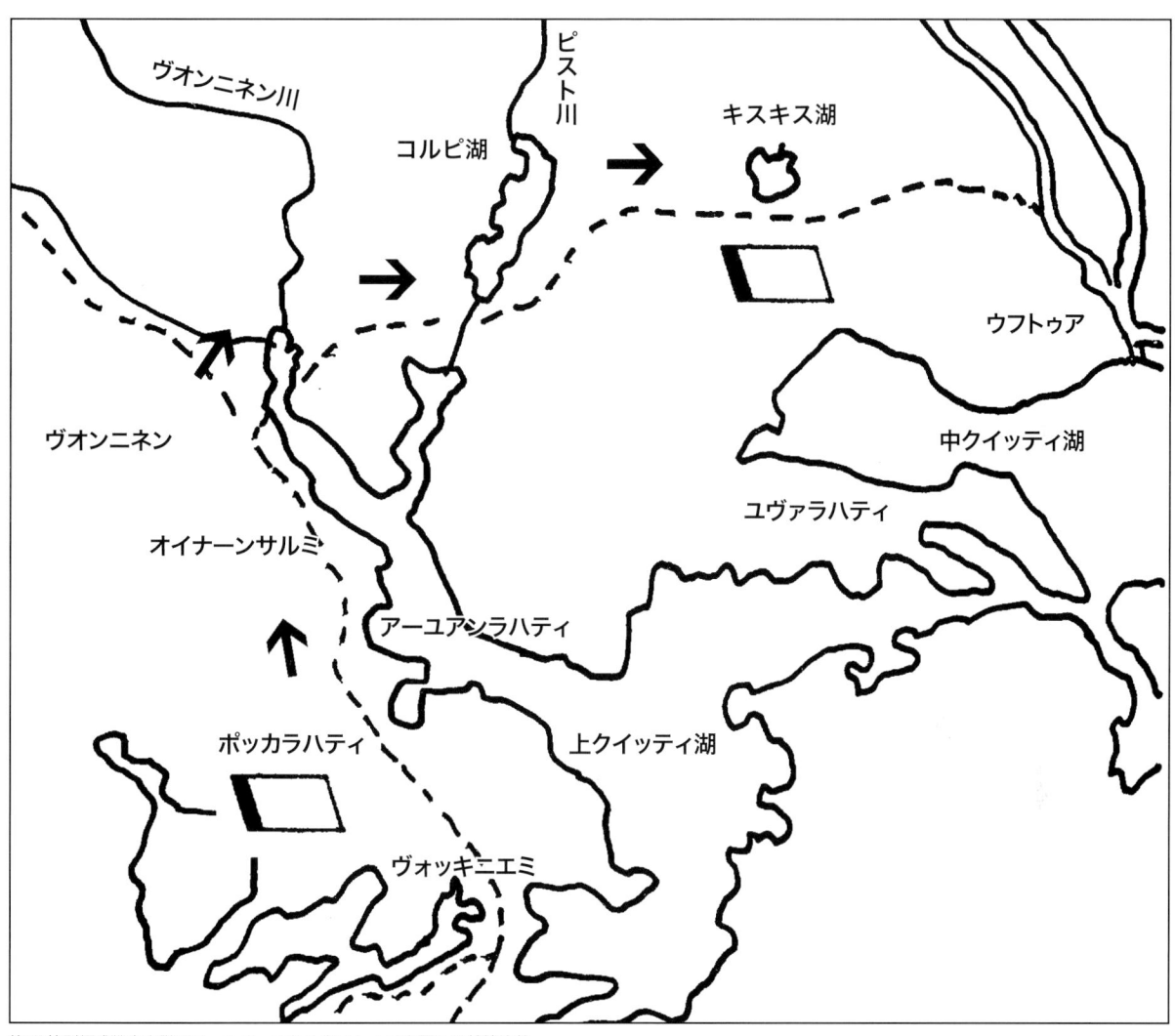

第40特別編成戦車大隊のラーテバーラからウフトゥア方面への越境攻撃。

ドイツ戦車乗員が頭から虫よけの網を被っている。7月にヴオッキニエミで撮影。

し、7月22日に戦車中隊の一部は浮船を使って対岸に渡った。浮船の重量制限のため、最初に渡ることのできた戦車はⅡ号戦車だけだった。ちょうどそれに間に合って、歩兵部隊の先鋒である第32歩兵連隊の第1大隊が到着し、戦闘に加入した。

　ドイツ戦車分遣隊の5両の戦車は、2時間に渡ってソ連軍と戦い続けたが、目に見える成果は上がらなかった。その上2両の戦車は、1両のソ連軍装甲車の発射した45mm砲弾を受けて破壊された。さらに1両の戦車は主砲の20mm機関砲が故障してしまった。このため残りの戦車は、フィンランド歩兵とともに後退しなければならなかった。Ⅲ号戦車は浮船が破損したため、渡河が不可能となった。7月27日、新しく仮設橋が完成し、やっと重量のある戦車もピスト川を渡ることが可能となった。

　F戦闘団の各部隊はウフトゥアへの攻撃を続けたが、ソ連軍部隊との大規模戦闘は生起しなかった。8月中旬にはウフトゥアは指呼の間に望まれた。しかし秋の訪れとともに、道路状況が悪化し、補給物資の輸送は非常に困難になった。泥沼となった道路上で装輪車両を牽引するため、トラクターや戦車が必要となった。8月19日、戦車はいつもと違う攻撃任務についた。フィンランド歩兵が敵陣地を占領する攻撃を支援するのである。しかしこれ以上の前進は不可能であった。8月28日、新たに十分に準備された攻撃が開始された。しかし8両の戦車とフィンランド歩兵からなる攻撃部隊は、なんら戦果をあげることができなかった。これでは敵にたいして戦力不足であったからだ。

　ウフトゥアを占領しようという最後の試みは、新しく編成された分遣隊、サク分遣隊によって8月31日に開始された。分遣隊には2個歩兵大隊、迫撃砲中隊、対戦車中隊、工兵中隊に第40戦車大隊の第3中隊全部が含まれていた。攻撃は9月1日の早朝開始され、地形を利用した迂回機動が行われた。しかし荒れた地形のため戦車は機動することが不可能で、道路障害物の撤去を待って道路上で待機しなければならなかっ

フィンランド軍とドイツ軍の士官がラーテ道でⅢ号戦車の傍らで、攻撃開始を前に打ち合わせをしている。砲塔ナンバーで第3中隊第3小隊3号車ということがわかる。

た。歩兵部隊の攻撃は成功せず、敵の反撃で押し戻されてしまった。2日後、F戦闘団は〜このときはすでに第3師団という新しい名前に変更されていたが、防衛態勢に移行した。

第40戦車大隊第3中隊は、主要補給ルートの防衛という新しい任務につくことになった。中隊はこのときまでに相当ひどい損害を被っていた。何両かの戦車は戦闘で失われており、残りの車両も行動に適さない地形のせいで、メインテナンス上の問題を抱えていた。中隊の人員も、休息によるリフレッシュを必要としていた。これまでに部隊はいくつかの作戦で決定的な役割を果たし、作戦を成功に導いて来た。その後中隊は、1941年12月初めまで第3師団の展開地域に留まったが、12月4日、ノルウェー軍最高司令部の命令でオウルへと移動した。

上下2枚の写真は7月1日にヴァソンヴァーラで撮影されたもの。上の写真で、車両後部に描かれたマークから、第40戦車大隊第3中隊の車両であることがわかる。前進を前に整備を待っているところ。

ドイツ軍第1戦車中隊の補給車両。7月1日、ヴァソンヴァーラで撮影。ドイツ兵（左）と、フィンランド兵（右）が向かい合って話をしているが、少し不審げな様子だ。

数日後、ヴオッキニエミで撮影されたドイツ戦車兵。右端は士官。

7月1日、I号指揮戦車上からラトヴァヤルヴィ村が燃えるのを見守っている2人の士官。一人はドイツ兵でもう一人はフィンランド兵である。

I号戦車がフィンランド軍の輜重部隊と、猟兵(自転車で機動する軽歩兵)の隊列を追い越していく。

ヴオッキニエミで撮影されたドイツ軍戦車中隊のⅠ号およびⅡ号戦車。砲塔ナンバーから中隊本部車両ということがわかる。

7月1日にラトヴァヤルヴィで対戦車地雷によって破壊されたⅡ号戦車。本文18ページ参照。この爆発で操縦手は死亡し、車体は廃車となった。

7月中旬、Ⅰ号戦車Ａ型が、ヴォッキニエミとポンカラハティの間の道路上で、フィンランド軍のフォードトラックの走行を助けている。写真でわかるように主要補給ルートの状況は非常に悪かった。

7月撮影。ドイツ軍のⅠ号修理車両が、ドイツ戦車中隊の車両のヴァソンヴァーラ方向への移動を助けている。辛うじてエンジン部分のみ構造物が見える。車長が車両の中央部から顔をのぞかせている。Ⅰ号修理車両は、Ⅰ号戦車をもとに、砲塔と上部構造物が撤去され製作されていた。

本ページおよび翌ページの写真はⅢ号戦車が、7月にヴォッキニエミ近くのヒロセンヴィルタ川を渡るときのもの。操縦手が橋上でするどく旋回したため、橋は崩れ落ちてしまった。写真には見守る戦車中隊の隊員が写っている。

29

30

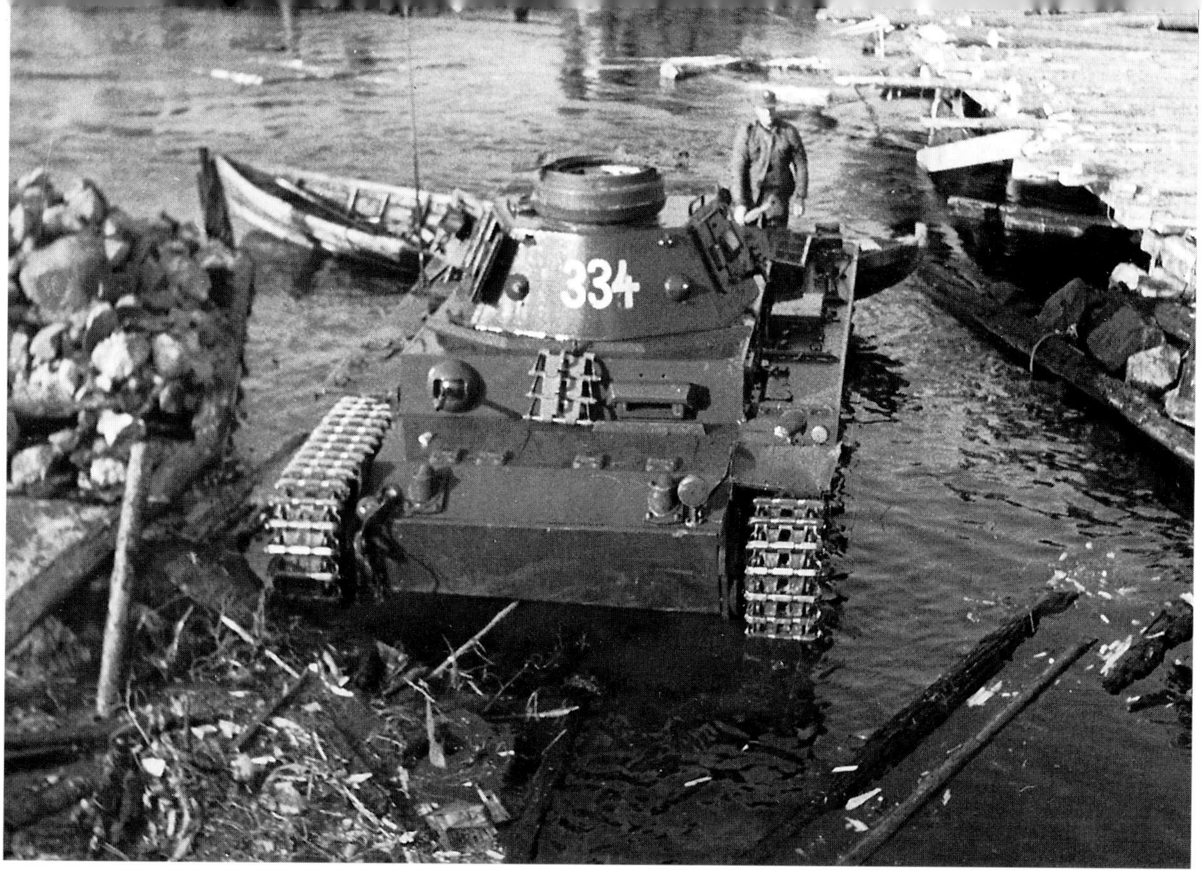

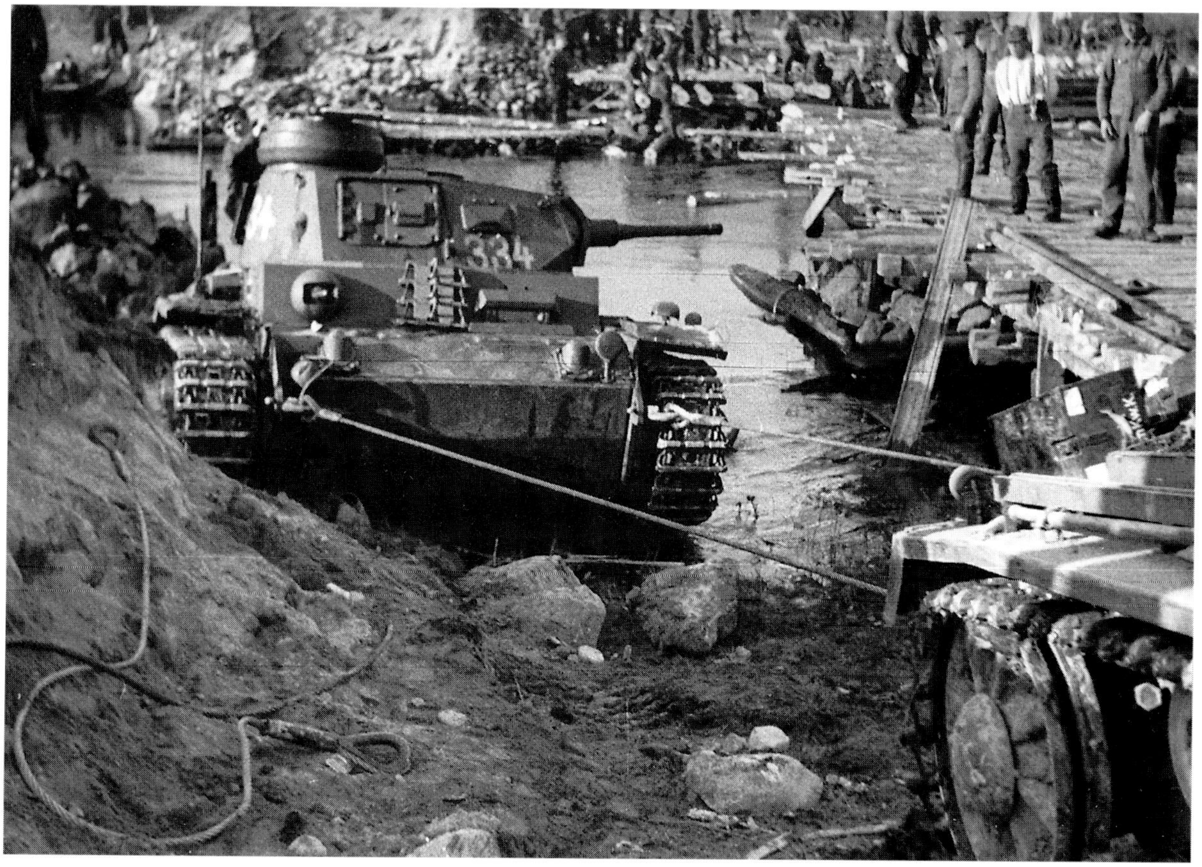

32

III号戦車「333」号車。撮影場所不明。

◆ノルウェー山岳軍団の
　第40特別編成戦車大隊第1中隊

　前述したように第40戦車大隊第1中隊は、1940年秋以降、ノルウェー山岳軍団の一部として、ノルウェー北部に展開していた。軍団はノルウェー北部を想起されるイギリス軍の侵攻から防衛することが任務であったが、1940年秋以降は、フィンランドのペツァモにあるニッケル鉱山の占領が計画されるようになった。戦車中隊が山岳軍団に配備されることになったのは、この計画が背景にあったことは間違いない。

　1941年5月、戦車中隊は将来のソ連攻撃に備えて、荒れ地での走行試験を試みた。その試験の結果、戦車は道路を離れた荒れ地上でも行動が可能で、湿地帯ですら行動可能ということが明らかになった。同じ試験は対戦車砲や対空砲を牽引する牽引用ハーフトラックについても行われたが、同様な満足ゆく結果が得られた。主要な問題は困難な地形を走破することによる、戦車の履帯と動力装置にかかる大きなストレスであった。試験の前向きの結果は、後述するように実際フィンランドで起こったことと比べると驚くべきものである。ただどちらにしても、この試験によってドイツ軍が戦車がフィンランドの荒れ地でも使用に耐えるものと結論してしまったのであろう。フィンランド～ソ連国境地帯での攻撃が開始されると、実情ははるかに異なることが明らかになるのである。

　第40戦車大隊の第1中隊は、この時点では11両のⅠ号戦車と8両のⅡ号戦車を装備していた。指揮車両としてⅠ号戦車の車体を流用したⅠ号指揮戦車を1両装備していた。中隊長はフォン・ブルシュティン大尉である。

　ノルウェー山岳軍団は、ノルウェーとフィンランドの国境を、バルバロッサ作戦が開始されたその日、1941年6月22日に越えた。およそ4万人の兵員がわずかな道路を通ってペツァモへと向かった。戦車中隊もこの大部隊に加わっていたが、このような巨大な軍隊の行進は、フィンランド北部では初めての光景であった。第2山岳師団は軍団の左翼を受け持ち、北極海岸を前進した。軍団の2番目の師団である第3山岳師団は、軍団の右翼を受け持った。フォン・ブルシュテインの戦車中隊は、第2山岳師団に派遣されていて、このとき師団が司令部を置いていたパルッキナ近くに留まっていた。

　実際の攻勢が開始されたのは、ヨーロッパ正面での

第1941年6月終わりに、40戦車大隊第1中隊の戦車が、ペツァモのアラルオスタリ教会の脇を通り過ぎる。中隊は第2山岳師団にしたがって、ペツァモから東へと強襲した。隊列の先頭を行くⅡ号戦車は荷物が山積みで、エンジン室上にはオートバイが載せられ、後ろには37mm対戦車砲が牽引されている。

攻勢開始より1週間ほど遅くなった。6月29日、ドイツ軍は国境を越えてソ連領への侵攻を開始した。第2山岳師団の任務は、カタスタヤ半島とティトヴァをとり、リツァ川を渡ってポルヤルノエ、そしてムルマンスクへと東進することであった。師団は任務に応じて2つの戦闘団に分割されていた。北方を担当したのはフォン・ヘングル戦闘団で、彼らに戦車中隊が配属されていた。戦闘団はフォン・ヘングル中尉に率いられ、中核戦力は第137山岳猟兵連隊であった。

フォン・ヘングル戦闘団は、計画にしたがって1941年6月29日未明に国境を越えた。そして困難な地形を冒して東へ進撃を続けた。翌朝、戦闘団はティトヴァ川にかかる橋に到達した。戦車中隊もほとんど道路のない荒れ地をなんとか走破して、そこにたどり着いた。何両かの戦車、とくに多数のⅠ号戦車が機械故障から脱落して、後方に取り残された。それにもかかわらず橋は、歩兵と戦車の共同攻撃ですぐに奪取された。進撃は道路に沿って南東へと続けられた。

6月30日午後、フォン・ヘングル戦闘団は、フォン・ブルシュテインの戦車の支援を受けて前進を続けた。橋を過ぎて5kmも行くと道路事情は非常に悪くなり、やがてほとんど消えてなくなってしまった。戦車は攻撃の支援を続行しようとしたが、すぐに道路のない荒れ地に行き詰まりスタックしてしまった。翌日、戦車にはティトヴァ川の橋まで戻るように命令が下された。これは事実上この方面での戦車による攻勢の終わりであった。この後歩兵は単独で攻撃を続けなければならなかった。

ノルウェー山岳軍団の両師団は、ずっと地形に悩まされ続けることになる。そして攻勢は数日後には停止させられる。補給はロバの背に背負って運ぶしかなく、さらに前進するためには新たに状況を偵察する必要があった。地図上に描かれていた道路記号の多くは、実際にはロバか馬は通れても車両は通れないようなものだった。

およそ1週間の後、第2山岳師団は、リツァ川への攻撃を開始し川を渡った。しかし7月8日には後退しなければならなかった。戦車はこの作戦には参加しなかった。

リツァ川を渡る2回目の試みは、7月13日に開始された。このときはもう少しうまくいった。再び川を渡ることはできた。しかしすぐにソ連軍の反撃で、ドイツ軍は防衛態勢を取らざるをえず、7月17日にはノルウェー山岳軍団の全部隊に防衛態勢をとることが命じられた。戦車部隊はこの攻撃の間、予備兵力として控置されただけだった。部隊はティトヴァ川の橋から南東5kmほど後方に置かれ、9月初めまでそこに留まり続けた。

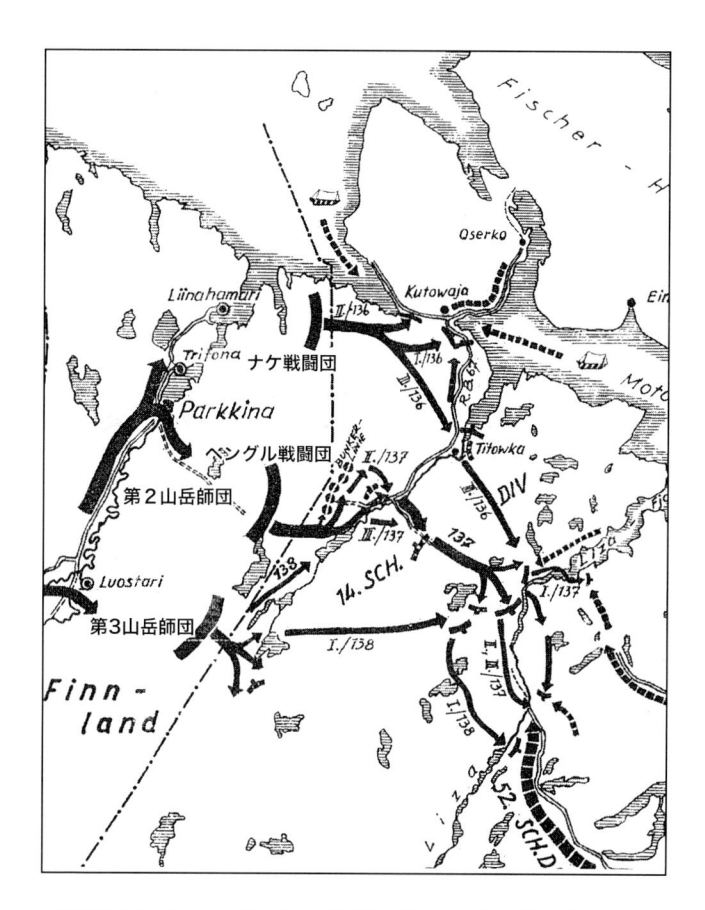

リツァ川を渡る3度目の、そして最後となった試みは、9月8日に開始された。山岳軍団はこの攻撃のためノルウェーからいくらかの増援部隊を送り込んだ。戦車部隊は第136山岳猟兵連隊に配属された。このときは戦車がほんの少し活躍して、リツァ川を渡っていくつかのソ連軍の火点を破壊した。しかし最初の成功の後すぐに、戦車はひどい地形の中でスタックしてしまった。この後彼らは再び引き上げ、前進する歩兵の背後で道路に沿って防衛態勢をとるよう命令された。結局作戦はソ連軍戦線を突破できないまま9月13日に中止され、第2山岳師団は防衛態勢をとり来るべき冬に備えることが命じられた。これはムルマンスクにたいする攻撃が仕掛けられた最後の機会となった。

攻撃の後、戦車中隊はリツァ川の北岸で、第2山岳師団の予備兵力として控置された。9月21日、中隊にはロバニエミからペツァモへの街道、北極ハイウェイまで引き上げることが命じられた。これは補給ルートを脅かそうとするソ連軍のパルチザンに対抗するた

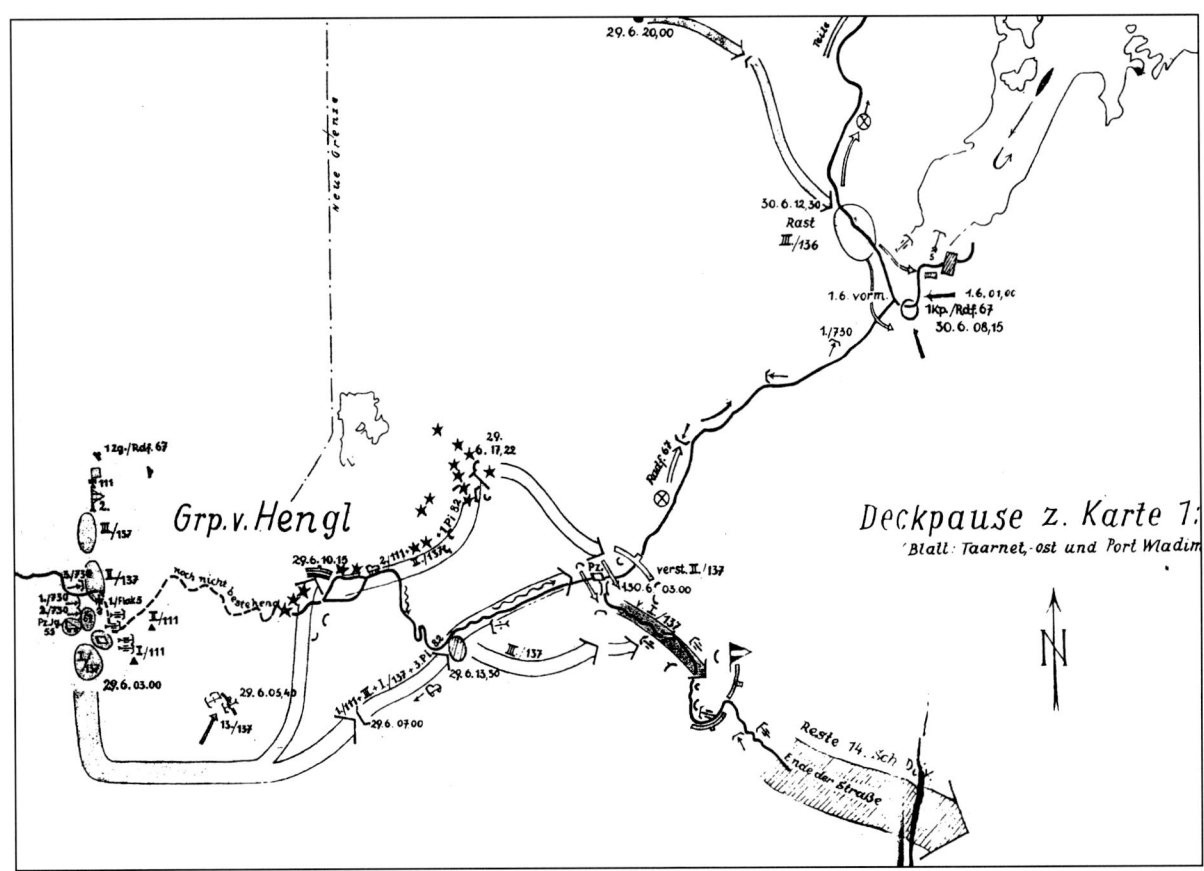

1941年6月終わりの第2山岳師団の戦闘日誌地図には、ドイツ軍の進撃方向が示されている。第40戦車大隊第1中隊の位置は、地図上に特徴的なドイツ軍の戦車を表す菱形のシンボルで示されている。当初は左側の太い矢印の根元にあったが、次の段階では橋の上に描かれている。

めであった。2日後、命令は変更された。中隊はパルッキナまで戻り、その後大隊に復帰することとされた。

9月27日午後、戦車中隊は行動を開始した。しかし街道の南のイヴァロに達すると中隊はノルウェー軍最高司令部によって止められ、そこに留まり補給ルート、北極ハイウェイをパトロールし、パルチザンに対抗するよう命令された。中隊は命令により1カ月イヴァロに留まったが、10月14日にはオウルに移動した。再編成と休養のため第40戦車大隊すべてがオウルに集められたが、これは賢明な処置であった。

第40戦車大隊第1中隊のオウル行軍をもって、広大な東部戦線最北の戦線での初めての戦車による作戦行動は終わりをつげた。困難な地形は戦車をほとんど無価値なものとし、実際ノルウェー山岳軍団には重荷にしかならなかった。攻勢開始前に行われた偵察の結果は、この地域での機械化戦争についてもう少し肯定的なものであった。投入された戦車中隊はノルウェーでの困難な地形について経験を有していた。しかしこれは全く別の話であった。第40戦車大隊第1中隊の短い戦闘記録は、実際フィンランドに展開したドイツ戦車部隊、すべてにあてはまる運命でもあった。戦車部隊は不十分な装備で全く間違った場所に投入されてしまったのである。そこでは徒歩の歩兵にとってさえ困難な地形に直面するはめになったのだ。結局彼らに課せられた任務は絶対的に達成不可能だったのである。

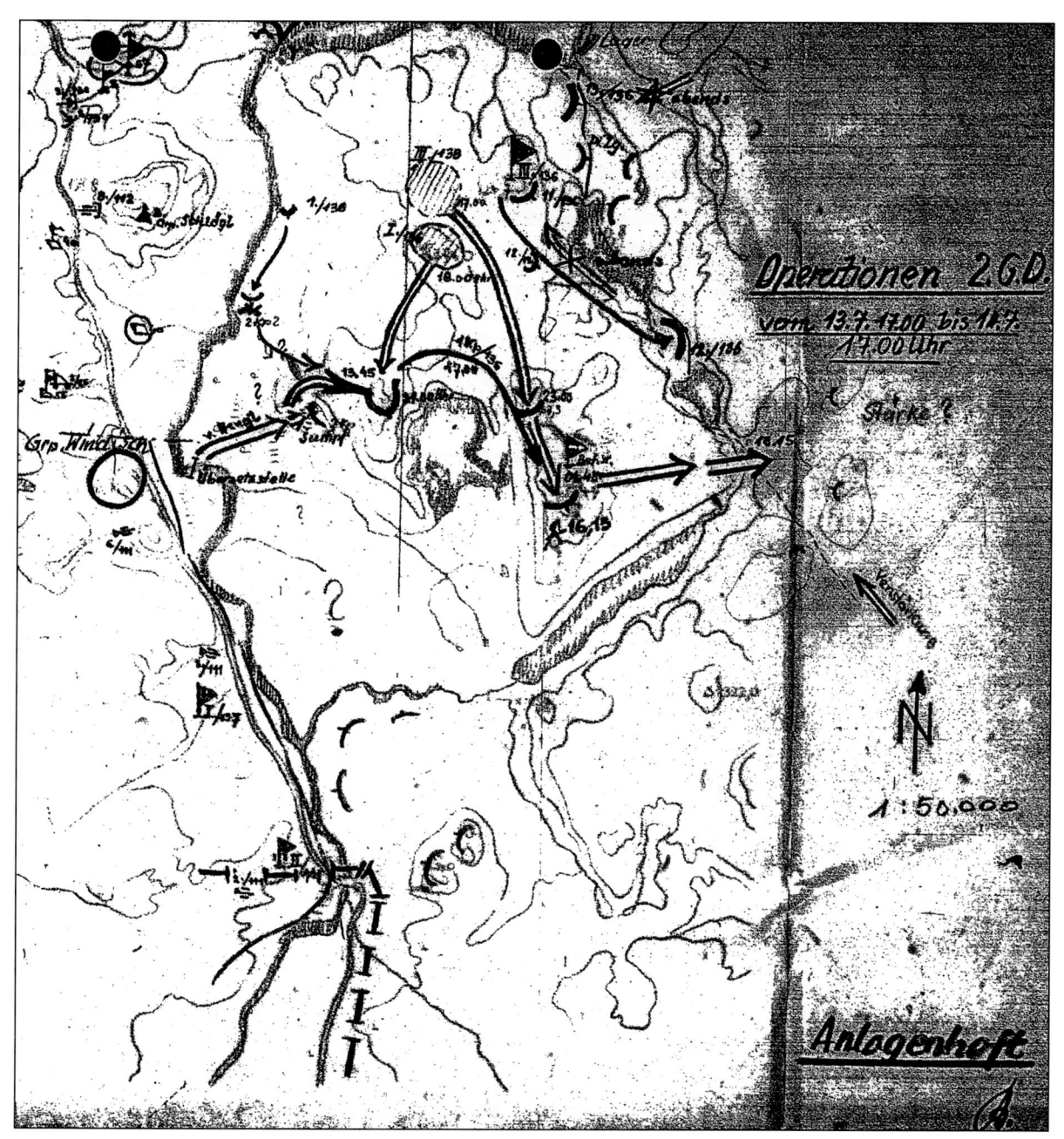

戦時日誌地図に示された、1941年7月13日のドイツ軍のリツァ川を越えた東方への攻撃の様子。第40戦車大隊第1中隊は、戦車の通行不能な地形なため、この攻撃には参加しなかった。中隊の位置は、地図左隅の2つの菱形の戦術記号で図示されている。リツァ川は、地図左縁を南北方向に、定規で線を引いたように一定の幅で蛇行している。地図のクオリティが低いのは、オリジナルのマイクロフィルムの状態が悪いため。

◆アラクルッティ近郊の第40戦車大隊

　第40戦車大隊の主要部分は、来るべき攻勢を前に、ドイツ第XXXVI軍団に配属された。同軍団は第169歩兵師団とSS山岳戦闘団「ノルト」、フィンランド第6師団からなる。この軍団は北方で攻勢をとった3つの軍団の中で、最強の戦力を持っていた。その目標はサッラからカンタラハティに進撃することであった。このとき第40戦車大隊は既述のように、第1中隊をノルウェー山岳軍団に派遣するため欠いていた。なお第211戦車大隊も第40戦車大隊と同じ軍団に配備されており、1941年6月終わりの段階で、サッラ近郊にはフィンランドに展開したドイツ軍戦車の大多数が集結していたことになる。これはフィンランドの戦車大隊を計算に入れても、フィンランド史上最大の装甲車両の集結であった。

　第40戦車大隊は全軍団の先頭梯団の一員として、マルカ湖の西岸目指して前進した。ここで6月18日に、第3中隊をさらに南のフィンランド第III軍団に送ることが命令された。これで大隊は大隊本部とテルケ大尉の指揮する第2中隊だけになってしまった。戦闘開始の直前に、第40戦車大隊の残余とSS山岳戦闘団「ノルト」のSS偵察大隊および1個対戦車小隊が集まって、フォン・ハイメンダール戦闘団が編成された。戦闘団は軍団予備兵力としてマルカ湖岸に止まり、東方への急進撃の命令を待った。

　軍団からの実際の攻撃命令は、SS戦闘団に配属された1個戦車小隊だけに出され、ハイメンダール戦闘団は、今後取り得る攻撃ルートの偵察のため、ケッロセルカの北3kmのバンハパイッカに派遣されることになった。戦闘団は偵察をフィンランド～ソ連国境まで行い、この地域では小隊サイズでさえ戦車部隊の行動がほとんど不可能なことを発見した。戦車は街道沿いでのみ歩兵の支援が可能で、脇道や小道ではあまりに道路事情が悪すぎて、戦車の使用には耐えなかった。路外は沼地か荒れ地でありさらに条件が悪く、偵察報告にしたがい戦車は街道上に留まることになった。視界もまた限られており、場所によってはわずか20mしか見通しが効かなかった。このような地形では戦車は敵戦車砲のいい的になるだけである。こうした理由

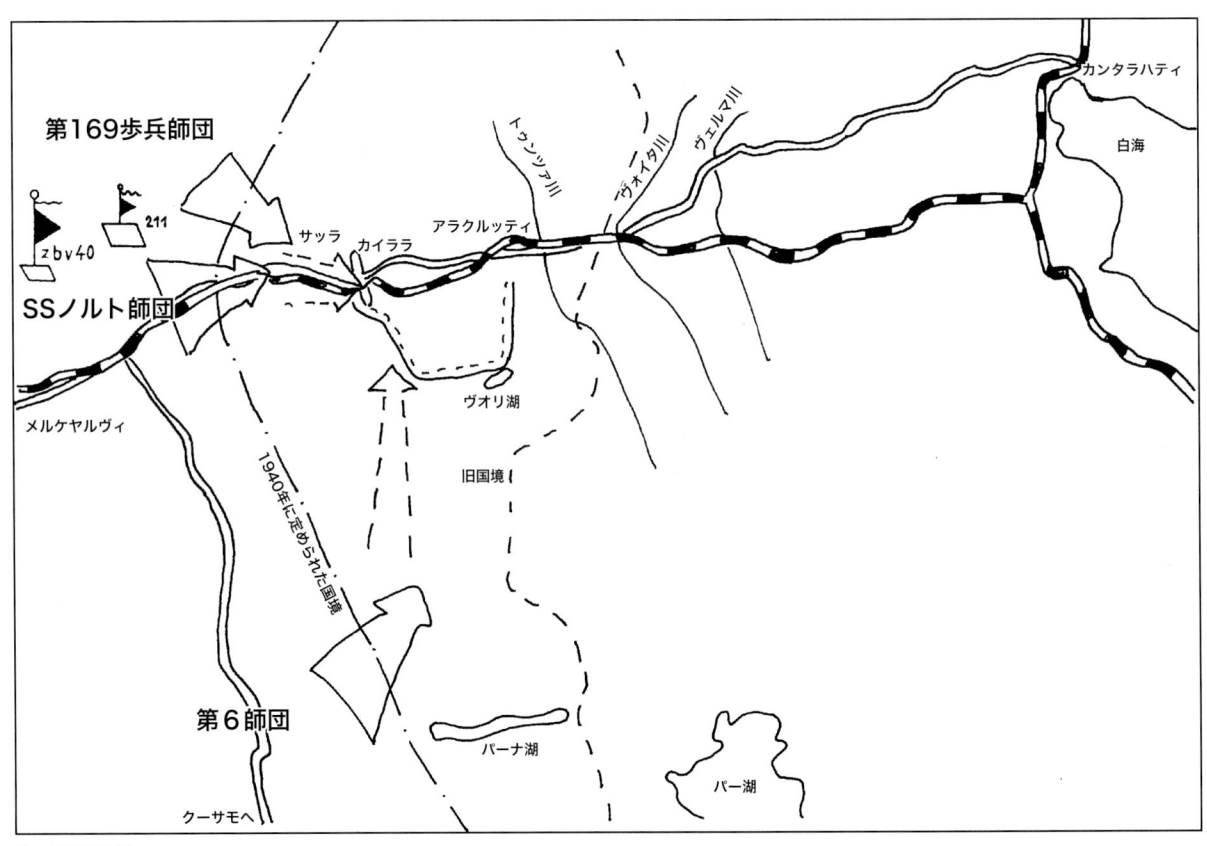

サッラ周辺地域

から戦車の乗員は、常に歩兵の支援を必要とした。ハイメンダールは上級の指揮官に、残った戦車を、火力支援車両として使うためにこれ以上細切れに分割するのを止めるように要請した。というのは彼らの装備するⅠ号、Ⅱ号戦車は軽武装であり、これらの任務に使用するのには不向きだったからである。しかし偵察報告とハイメンダールの要請にもかかわらず、ハイメンダールの上官は中隊をさらに分割し、歩兵の支援任務に投入するように命じた。悪いことに偵察は国境までしか行われていなかったし、国境の向こう側は、ほとんど空中偵察写真によってしか評価が行われていなかったので、明らかに情報は不足していた。

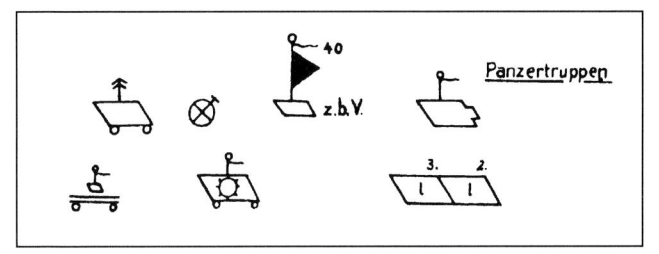

1941年9月20日付けの、サッラ地区で作戦しているノルウェー軍団所属第40特別編成戦車大隊の編成表。上段の戦術記号は左から、自動車化工兵小隊、オートバイ偵察小隊、大隊本部、通信小隊、下段は補給段列、修理小隊と2個戦車中隊である。

ハイメンダール戦闘団は6月の最後の日々を、予想されるソ連軍の攻撃にたいする準備に費やした。攻撃への対処が可能な態勢を整えたまま、戦闘団に15分後の行動開始が命じられた。戦車は野営地に小隊ごとにすぐに道路に進撃できるような態勢をとって展開した。しかしソ連軍からの攻撃はなかった。6月30日早朝、ハイメンダール戦闘団はケッロセルカ北東の攻撃発起点まで前進した。補給物資の一部と修理中隊は、野営地域にそのまま留まった。中隊には戦車と分からないような偽装をすることが命じられた。実際カモフラージュがどのように行われてかははっきりしない。行軍が一列になって行われるように、特別な注意が払われた。というのも道路は非常に狭かったからで、Ⅲ号戦車が路上にあると、全く対面交通は不可能となった。

国境を越えての攻撃は、7月1日の午後に開始された。最北部を担当したのは第169歩兵師団で、連隊サイズの3つの戦闘団に別れて行動が開始された。サッラの南で攻撃するのはフィンランド第6師団で、主として森の中を進んで攻撃した。SS山岳戦闘団「ノルト」は、ロバニエミ～カンタラハティ道に地域を担当した。対するソ連軍はたった1個師団が良好な防衛陣地にこもって抵抗した。攻撃結果は情けないものとなった。目標にはひとつとして到達できず、ソ連軍の反撃によって非常に困難な状況に陥った。攻撃4日目はドイツ軍にとって悪夢の1日となった。SS戦闘団の隊員はパニックとなり、愚かにも自ら逃げ惑い退却した。ハインリッヒ・ヒムラーSS長官自らが、督戦のため戦闘団にかつを入れなければならない有り様だった。

初日の戦闘ではSS戦闘団はテルケ戦闘団として使用することが考えられていた。この戦闘団はテルケ大尉に率いられ、1個戦車小隊と1個歩兵中隊、1個工兵小隊からなる。戦闘団は第169歩兵師団と接触を保ちながら、その北で攻撃を行う。しかしこれは全く実現せずに、翌日には戦闘団は解散された。攻撃2日目、ローズ少尉の指揮する2両の戦車は、軍団から命令を受けて国境から1.5kmのサッラへの道路を警備するために派遣された。こうした処置がとられた理由は、ソ連戦車が多数が集結しているという情報が得られたからだが、これは過大評価であった。7月3日には1個戦車小隊が道路の警備に派遣され、他の小隊はハンキカンガスの西に警備のために送られた。その後の数日間は、もっと多くの戦車がSS戦闘団地区防衛を支援するために派遣された。

7月初めの数日間で、戦車部隊はなんとか1両のソ連戦車を破壊した。これは下士官のヘアプストの指揮するⅢ号戦車が、国境から500mの地点で装備する5cm戦車砲でソ連戦車を擱座させたというものである。このできごとは大事件だったようで、なんと軍団の戦闘詳報に記載されている。この戦車は第40戦車大隊第2中隊の車両で、砲手はレーゲラー上等兵であった。

サッラの戦闘はソ連軍の撤退により、7月7日には下火となった。ソ連軍は撤退にあたって若干の後衛部隊を村に残した。このため第169師団の部隊が村を占領できたのは、7日の夜となった。こうして主要な街道がSS戦闘団と第40戦車大隊に開放され、彼らは湖に挟まれたカイララの隘路に向かう攻撃を続けることが命じられた。この隘路は新しいソ連軍の防衛ラインとなっていた。第40戦車大隊の唯一の戦車中隊は、最初、7月8日に攻撃を支援するためSS戦闘団に隷属することになった。しかし後で同じ日に第40戦車大隊と第211戦車大隊は合体してハイメンダール戦闘団を編成することとなり、戦闘団はいまや攻撃の主役となった第169歩兵師団に隷属されることとなった。こうして戦車がひとつにまとめられ、ひとつの方向カイララ、そしてそこからアラクルッティに通じる道路

上で使われるようになったことは、理論的に正しい運用であった。ただしひとつの戦車戦闘団が一度にひとつの方向に使われることはなく、実際の戦車戦闘のほとんどは、わずかに1個戦車小隊か何両かの戦車による、たいしたことない目標をめぐってのものであった。

戦車戦闘団の指揮権は7月19日に軍団に返され、一部は南のフィンランド第Ⅲ軍団地域に回された。移動した最初の部隊は軽戦車小隊で、7月21日にマルカヤルヴィに到着した。そこからクーサモそしてカナナイネンに移動し、最終的にコッコサルミ周辺で戦闘に加入した。

ハイメンダールは、いまやカイララ近くで戦車を使用することが可能かどうか考察しなければならなかった。彼はすぐに結果をまとめ軍団に送った。彼によれば、戦車はアラクルッティに通じる主要な街道に沿ってのみ使用可能である。しかしカイララ隘路の橋がまず最初に、22ｔ（つまりⅢ号戦車の重量）に耐えられるように補強されなければならない。小道のほとんどは軽戦車しか利用できず、さらにほとんどはなんらかの補修の後で初めて利用可能と言えた。ハイメンダールによれば攻撃行動への戦車の使用効果は、非常に限定的であった。まず最初に道路上の敵を排除しなければならず、それからやっと戦車が行動できる。敵歩兵がいなくてさえ、障害物と地雷のため、進撃速度は低下せざるを得なかった。敵対戦車砲の出現は、もちろん問題であった。そしてこれももちろん、戦車の進出の前に排除しなければならなかった。ハイメンダールによれば、戦車を運用するもっともよいやり方は、戦車を予備兵力として控置し、戦線後方の主要道路の警備に使用することであった。

軍団の攻撃は7月26日に開始され、歩兵が北からカイララを取り囲むように前進した。この作戦における戦車の任務は、非常に限定的なものであった。第40戦車大隊の3個戦車小隊が、攻撃の進捗とクオラ川の橋の架設を待って、ケスキンマイセンネナケで待機するように命じられた。しかし攻撃はほとんど即座といっていいくらいすぐ停滞し、戦車はほとんど必要なくなった。軍団はいまや防御に移行した。進撃が立ち往生させられる前に20kmばかり前進したものの、こうしてカンタラハティの占領はどうにもならなくなった。

カイララ方面では早急な成功が望めそうになかった

Ⅰ号戦車が同じⅠ号戦車を溝から引き出すために牽引している。撮影日時、撮影場所ともに不明。

雪の森を行くⅢ号戦車。

ため、ノルウェー軍最高司令部は、敵に圧迫を加える場所を、もっと成功の見込めそうな、キエスティンキのフィンランド第Ⅲ軍団戦区に変更することにした。さらに多くのSS部隊と第40戦車大隊の残余が、まずノルウェー軍最高司令部指揮下に移され、それからフィンランド第Ⅲ軍団司令部に移行された。第40戦車大隊は、カイララに残る第211戦車大隊に任務を引き継いで出発した。第40戦車大隊は7月29日にマルカヤルヴィに留まるよう命令を受けた。そこに数日留まった後、8月2日にカイラに移って第XXXVI軍団に隷属するよう命令された。しかし8月3日にはフィンランド第Ⅲ軍団に移され、カナナイネンへの前進が命じられた。大隊はこの段階では本部と2個戦車小隊からなり、その他の付属部隊はドイツの北部戦域にばらまかれていた。

第40戦車大隊長のフォン・ハイメンダール中佐は、7月中の第2戦車中隊の経験を、次のようにまとめている。彼の要約によれば、この戦車部隊は2回の攻撃に参加しており、1度道路の警備任務につき、25回前線後方地域の警戒任務を行った。この警戒任務の間に戦車が戦闘行動を行ったことはなかった。しかし中隊には敵の砲兵射撃によって犠牲が生じ、何両かの戦車が損害を受けた。スペアパーツの入手は容易ではな

く、交替要員は不足した。ハイメンダールの考えでは、警戒任務は無駄にコストがかかるばかりで、戦術的には間違った任務であった。彼によれば唯一のメリットは、歩兵部隊の士気が高まることであった。

主要な街道を外れると、地形はほとんど戦車が通行不可能となる。脇道はだいたい短くて行き先は沼か森で行き止まりとなり、戦車にとって利用価値はなかった。戦車による攻撃が頓挫したひとつの例は、偵察したにもかかわらず、泥沼の低地にはまり込んでしまったというものであった。一度戦車がスタックすると、これはもう最悪であった。というのも引っ張り出すのは、ほとんど不可能だったからだ。

ハイメンダールは戦車の使用状況にかなり失望したようだ。彼によれば戦車の使用は戦術的に誤りであり、戦車を過度に消耗させるだけである。警戒任務も対戦車任務も、歩兵と対戦車砲によって行われるべきであり、戦車によって行われるべきではない。ハイメンダールの見解に同意することは容易である。1941年7月に、サッラ戦区ではドイツ戦車はほとんど無価値であり、他の場所ならもっと有効に活用されたであろう。撤退するソ連軍を追いかけて速攻を仕掛ける構想は、けっして実現することはなかったのである。

◆キエスティンキの第40戦車大隊

　フィンランド第Ⅲ軍団北翼の攻撃は、まっすぐキエスティンキに向けられた。攻撃を担当したのは、J戦闘団であった。これは実質的には第53歩兵連隊を増強したものであった。攻撃は7月1日に開始された。そして3週間の後ソフヤナ川に到達した。

　フィンランド軍部隊がこの川に到達したのは、7月20日のことであった。そして翌日に最後のソ連軍部隊がソフヤナ川を渡り、橋は爆破された。次のフィンランド軍の目標は、キエスティンキそのものであった。この作戦では補給物資の輸送のための道路の改良と、ソフヤナ川とトゥオッパ湖の閉鎖が要求された。

　ノルウェー軍最高司令部は3個軍団で東方へ進撃した。このうち北の2個軍団は7月の攻勢開始後、ほとんど見るべき成果を上げられなかった。これにたいしてフィンランド第Ⅲ軍団戦区は、もう少し見込みのある戦区と考えられた。その結果より多くのドイツ軍部隊が、この地域に投入されることになったのである。7月19日の命令では、いくつかのドイツ軍部隊がフィンランド軍の指揮下に入っている。SS山岳戦闘団「ノルト」には以下の部隊が含まれる。SS第6歩兵連隊、1個SS野戦砲兵中隊、1個SS工兵中隊、1個SS対空中隊である。第40戦車大隊は1個軽戦車小隊を引き渡した。最初のドイツ軍部隊が、フィンランド第Ⅲ軍団地域に到着したのは、7月20日のことであった。より多くのドイツ軍部隊が到着するようになるのは、SS山岳戦闘団「ノルト」がアラクルッティの近くで大敗北を喫した後の、7月遅くからのことであった。この段階で到着した部隊は、以下の部隊である。SS山岳戦闘団「ノルト」の全本部要員、SS砲兵連隊の本部、SS第7歩兵連隊の1個大隊である。これらのドイツ軍部隊は、フィンランド軍の指揮下に入ることになる。

　第40戦車大隊の本部中隊と第2中隊は、7月終わりにカイララの戦闘に加入することになる。7月28

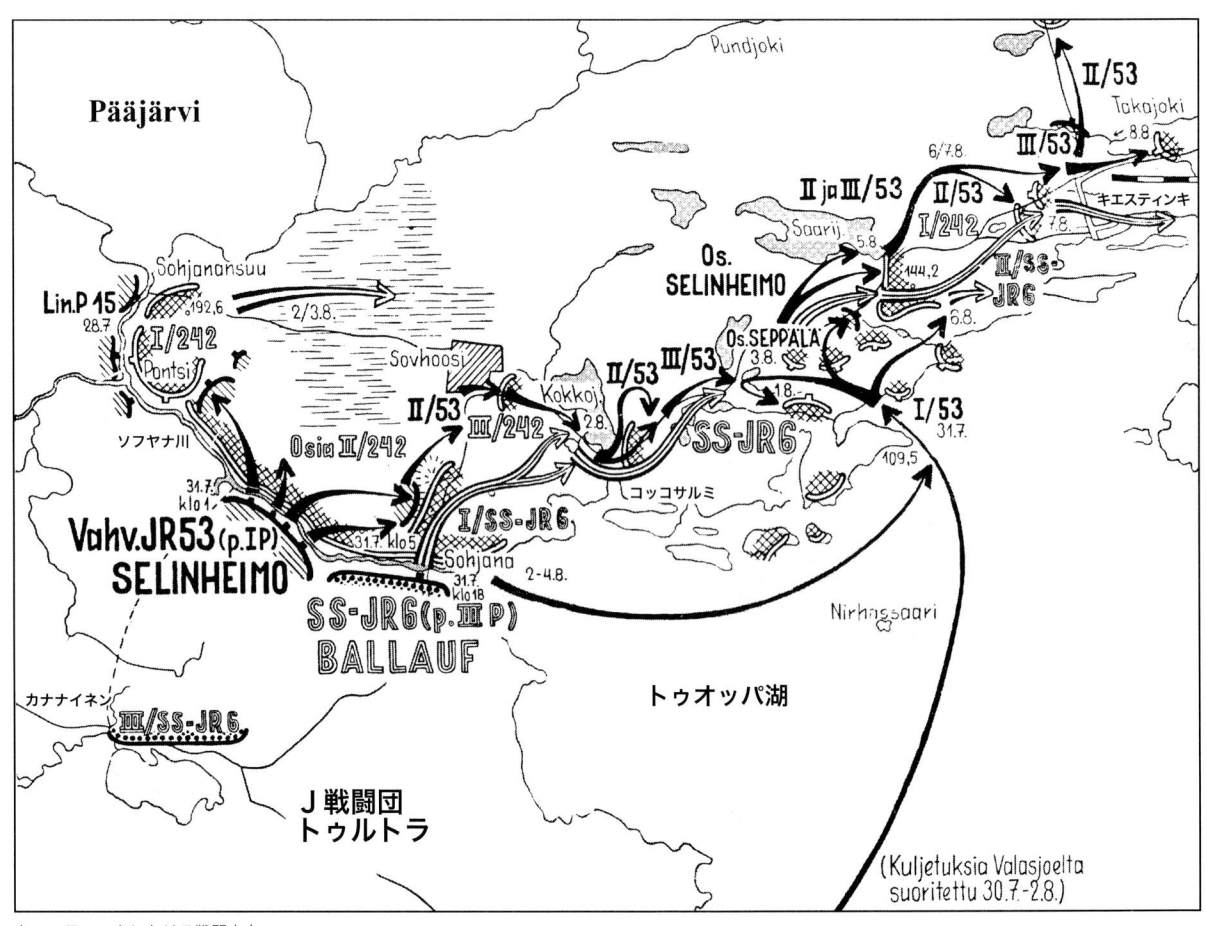

キエスティンキにおける戦闘方向

8月2日朝、ソフヤナ川に架けられた橋を最初に渡った部隊のひとつ、第40戦車大隊軽戦車小隊の車両。この写真と引き続くページの写真の軽戦車部隊は、7月19日からフィンランド軍部隊に配備された。

日にはノルウェー軍最高司令部は、第40戦車大隊とその他いくつかの部隊に、翌日終わりまでにフィンランド第Ⅲ軍団地域に移動するよう命じた。ただし第211戦車大隊はこれまでの作戦地域に留まることになった。第40戦車大隊はマルカヤルヴィに数日間留まり8月2日まで、第XXXVI軍団の隷下にあった。それから命令を受けてカイラーラに移動した。8月3日に命令によって大隊はカナナイネンに向かい、第Ⅲ軍団の指揮下に入った。

最後の命令にしたがって第40戦車大隊は、クーサモを通ってカナナイネンまで前進した。第Ⅲ軍団はその唯一の戦車中隊を8月3日にJ戦闘団に配備した。大隊長のハイメンダールは第Ⅲ軍団司令部に留まった。もともとの考えでは、戦車はソフヤナ川渡河後に編成される予定のソメルサロ分遣隊に加えられることになっていた。しかしこの計画は、カナナイネンからソフヤナ川までの道が、フィンランド軍とドイツ軍の車両であふれかえってしまったために、実行不可能となってしまった。

ソフヤナ川を越える攻撃は、7月30日に開始された。川の東岸を守るソ連軍部隊は2日間抵抗し続けた後、残余の部隊はコッコサルミの方向へ撤退した。工兵は苦労して8月2日に、ソフヤナ川に浮橋を完成させた。これによって、重機材を川の向こうに渡すことが可能となった。最初に川を渡った部隊は、軽戦車に支援されたSS第7歩兵連隊であった。第40戦車大隊の残りの部隊は、この翌日に第Ⅲ軍団に配属された。そして部隊が戦闘に投入されるのをしばらく待たなければならなかった。部隊の主要部分が前線に到着したのは、戦闘がコッコサルミに近づきつつあるころだった。

8月2日、フィンランド〜ドイツ部隊は、カナナイネン村の西に向かって戦いながら進路を切り開いていった。このころ最初のドイツ軽戦車が最前線に到着し、即座に戦闘に加入した。2両の戦車が歩兵とともに300mばかり前進したところで、両車ともに砲塔

戦車とともにSS戦闘団ノルトが橋を渡る。写真手前にはノルトのオートバイが写っている。

ソフヤナ川に架けられた浮橋はフィンランド軍第15工兵小隊によって建設されたもの。彼らはさらに6日後に同じ場所に橋を建設した。この渡河点を通って多くの部隊が、キエスティンキ、ロウヒ方面に進撃した。

45

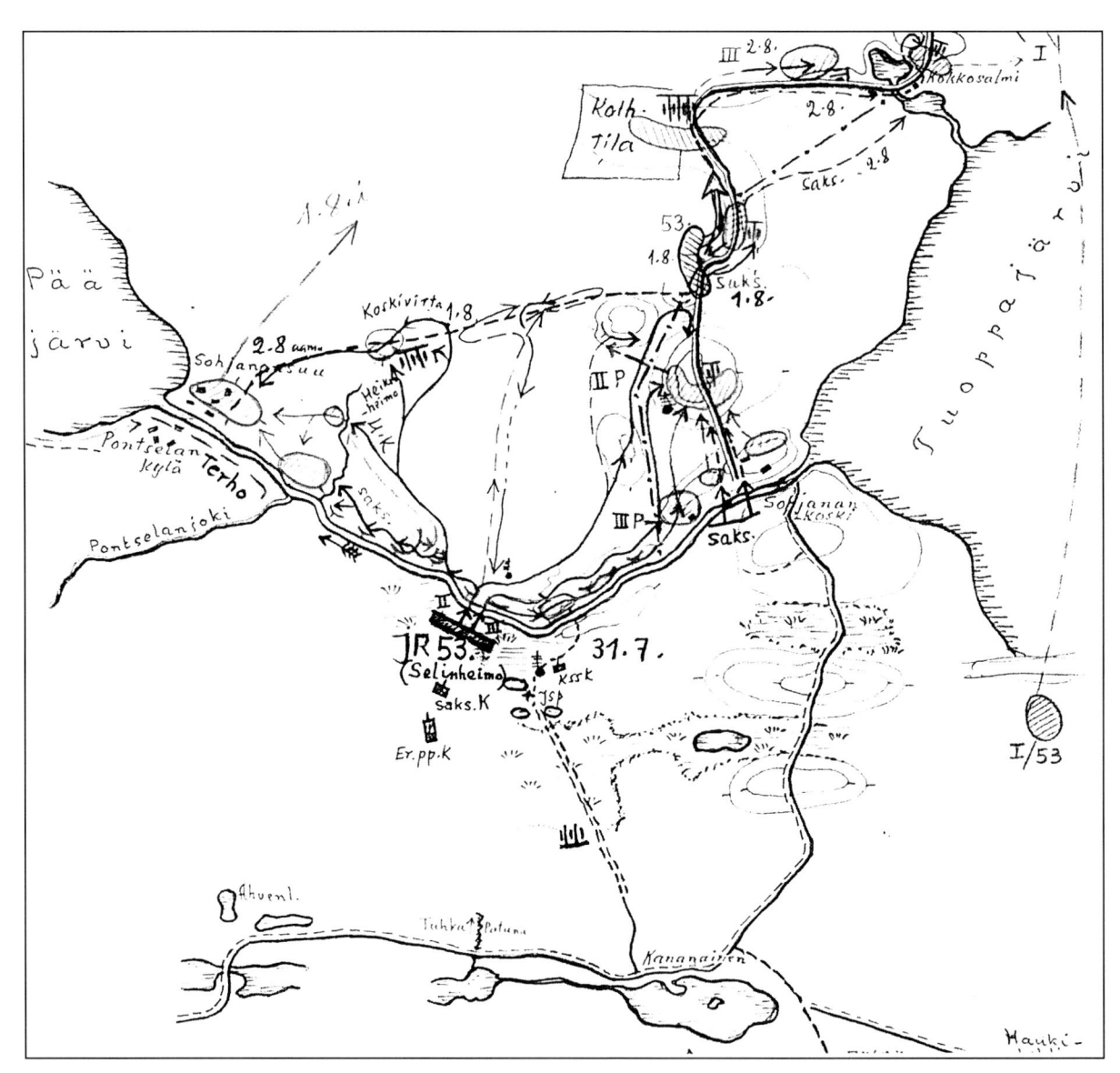

第53歩兵連隊長オラス・セリンヘイモ中佐が描いた、ソフヤナ川上流域とコッコサルミ占領の戦闘直後の戦況図。図にはソフヤナ川の渡河点に作られた浮橋が描かれており、そこから部隊は地図右上のコッコサルミ方向に進撃した。

に命中弾を受けた。うちの1両は被弾によって燃え上がった。コッコサルミは8月3日に占領され、攻撃はキエスティンキを指向して続行された。最初の損失の後、ドイツ戦車の使用には若干の問題が生じた。そして先頭を行くフィンランド軍部隊は、8月の最初の時期、ドイツ戦車の支援を受けることができなくなった。8月4日、戦車を先頭に立ててSS第6歩兵連隊の攻撃が続けられた。第53歩兵連隊のフィンランド部隊は、北側の森の中を抜けてキエスティンキの十字路を迂回しようと機動した。こうしてキエスティンキは8月8日の早朝陥落した。いまや攻撃は若干の戦車を含む、ソフヤナ分遣隊によって続行された。しかし追撃戦は、キエスティンキからわずかに2kmばかり行っただけで停滞することになった。

8月の第2週には、第40戦車大隊の主要部隊は、コッコサルミからキエスティンキの間に展開することになった。第2中隊はハルトマン中尉に指揮され、対戦車防衛のためダッグインポジションについた。本部中隊は2個軽戦車小隊とともにコッコサルミに留まっていた。

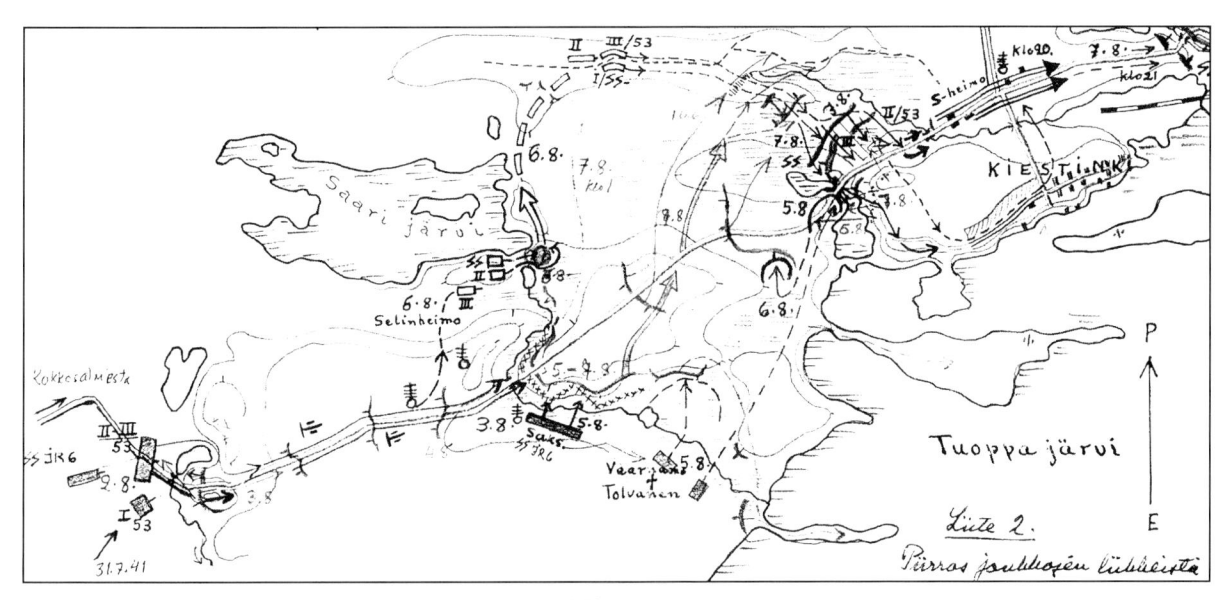

セリンヘイモ中佐が描いた別の地図。コッコケルミからキエスティンキに継続された戦闘状況が示されている。フィンランド歩兵とSS師団ノルトとともに投入された第40戦車大隊の戦車は、主要街道上で使用された。

8月8日、キエスティンキを占領したSS師団ノルトの兵と、第40戦車大隊第2中隊のⅡ号戦車。

ソフヤナとコッコサルミの間の道路上で破壊されたⅡ号戦車。おそらく8月2日に撃破されたうちの1両だろう。車体の損害は見ての通りだ。この車体はおそらく49ページの写真の車体だろう。

前ページと同じⅡ号戦車。オリジナル写真では、「214」の砲塔ナンバーを読み取ることができた。

8月7日時点での第40戦車大隊の保有戦車は以下となる。

《本部中隊》
・軽戦車小隊　　Ⅰ号戦車3両
・軽戦車小隊　　Ⅰ号戦車4両

《第2戦車中隊》
　　　　　　　　指揮戦車2両
・軽戦車小隊　　Ⅰ号戦車3両
　　　　　　　　Ⅱ号戦車2両
・第2重戦車小隊
　　　　　　　Ⅲ号戦車（3.7cm砲装備）2両
　　　　　　　Ⅲ号戦車（5cm砲装備）6両

　何両かの戦車は最前線の先鋒部隊とともに戦闘に参加した。8月10日に1両の戦車が、ソ連軍の7.62cm戦車砲弾を砲塔に被弾した。この結果ハイメンダールは、対戦車援護が不十分であると不満を述べることに

なる。これはどうももはやドイツ軍戦車は、自身の装甲が薄く、森林内では射程が短くなるため、戦闘加入を嫌がっていたように思われる。大隊の第2中隊は後で8月に、SS第6歩兵連隊とJ師団（もとのJ戦闘団）に隷属することになる。

　キエスティンキ～ロウヒ道に沿った攻撃は続けられたが、激しい損害と補給困難、人員の疲労などで、8月17日にキエスティンキの東17kmで前進は停止された。3日後、ソ連軍の反撃が開始された。ソ連軍は森の中から出撃して、フィンランド～ドイツ軍の唯一の補給ルートを切断しようとした。第53歩兵連隊とSS歩兵大隊は罠に落ちたのである。彼らが補給を得る唯一の方法は、森の中を通って馬で補給する方法だけだった。罠にかかった部隊を救出するためのフィンランド軍の攻撃はすぐに行き詰まった。包囲された部隊は、9月2日に森の中を通って脱出した。多くの戦死した戦友や重機材は放置しなければならなかった。重機材の中には、第40戦車大隊の3両の軽戦車も含まれていた。これらは沼地にはまり込んで、どうしても

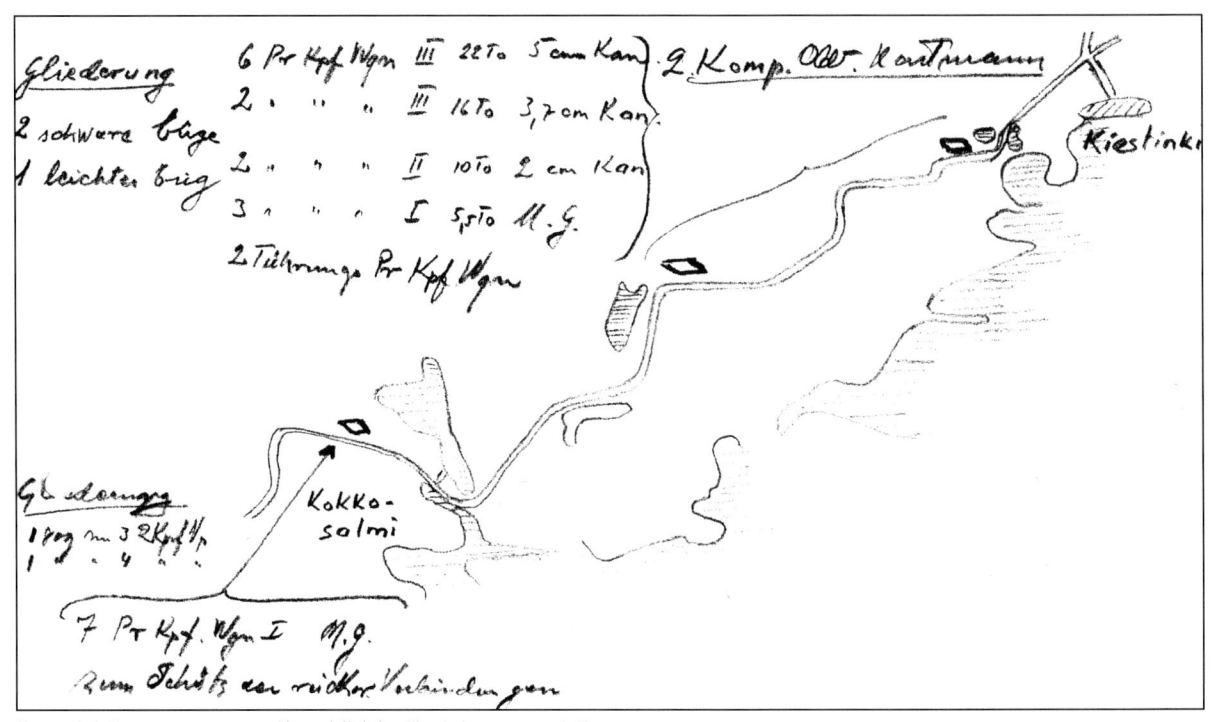

第40戦車大隊長フォン・ヘイメンダール中佐自身の描いたキエスティンキ周辺の地図。1941年8月7日の彼の乗車の位置が書き込まれている。戦車は敵のいそうな場所を注意深くさけて突破口を開いた。

キエスティンキでの戦闘後、フィンランド戦場特派員とともに記念撮影に収まるドイツ戦車兵。彼らの多くが初期戦役に参加した記章類を着けており、第40戦車大隊が経験ある部隊であったことを物語ってくれる。

キエスティンキ近郊で撮影された第40戦車大隊のⅠ号、Ⅱ号戦車。ツァーン軍曹が先頭の車体を指揮していた。

SS師団ノルトのオートバイ兵。ポーズを取っている。背景はソフナヤ川である。道は左側川を渡る浮橋に続く。彼らはそのまま進撃を続け、ロウヒの占領を企てた。

1941年8月終わりか9月初め、キエスティンキ近郊で撮影された第40戦車大隊のⅡ号戦車である。

引き出すことができなかったものだ。残りの戦車は包囲の外側で行動し、失われることはなかった。J師団とSS師団「ノルト」(訳者註：9月までに「ノルト」は師団サイズに拡大された)は、トゥオッパ湖の東で防衛陣地についた。彼らはここに11月初めまで留まることになる。9月4日、第40戦車連隊は再び第Ⅲ軍団に隷属することになった。しかし大隊の任務は変わらず、以前と同じであった。その後数日して、戦車中隊は道路に沿った反撃の準備のため、SS師団に隷属することになった。

重要なムルマンスク鉄道を切断するためのロウヒに向かっての新たな攻撃は、1941年の11月1日に開始された。キエスティンキにはすでに冬が到来しており、戦車の行動は困難だった。キエスティンキ～ロウヒの主要な街道と南に向かう鉄道線上を除いては、戦車の使用は事実上不可能だった。いまや戦車はSS師団とJ師団とで、別々に命令されて使用されていた。後者は鉄道線路に沿って行動し、6両の軽戦車が投入された。一方SS師団は主要街道に沿って行動し、6両のより重い戦車（訳者註：Ⅲ号戦車のこと）が使用された。その他の戦車は、なんらかの理由で作戦行動に参加できない状況で、コッコサルミからキエスティンキの間で、第Ⅲ軍団の後方地域の警戒任務に使用する命令が下されていた。

11月7日、街道沿いに行動していた戦車は、道路沿い17～18km間でのソ連軍の襲撃を撃退した。翌日も待ち伏せするソ連軍部隊への戦車による攻撃は続けられたが、その場所はキエスティンキから2kmの地点だった。そのころSS師団「ノルト」は、6両の戦車を戦闘団に集め、ロウヒにたいする急襲作戦を計画していた。しかしながらこの突破作戦は実現しなかった。J師団での軽戦車の運用状況については、書類上の記録は見つからない。同師団はかなり楽観的で、地上が凍結した後は戦車を森林内で使用するつもりだったようだ。

ここではこれ以上第Ⅲ軍団の戦闘について詳述する

このⅡ号戦車は路外の柔らかい場所に踏み込んではまり込んでしまった。時期と場所は不明である。

必要はないだろう。というのももはやここでは、戦車は二義的な役割しか果たさなかったからだ。彼らは小グループに別れて、街道の警戒任務につくだけだった。雪と寒さに起因する技術的問題によって、稼働戦車数は最小限度に過ぎなかった。11月12日、戦車大隊すべてを合わせても、作戦可能な戦車は、Ⅲ号戦車4両、Ⅱ号戦車2両、Ⅰ号戦車7両しかなかった。このとき5両の戦車が修理中であった。そして何両かの戦車がすでに失われていた。ひとつアハヴェンラハティの近くで起こった事件を取り上げよう。Ⅰ号戦車が事故で沼地に突っ込んでしまったのだが、回収するすべはなかった。

第Ⅲ軍団の攻撃は特別な進捗も見せず、11月中旬には停止した。部隊にはより守りやすい防衛陣地まで撤退する命令が出され、11月20日には後退が開始された。第40戦車大隊には後方警備部隊の予備として控置する命令が下された。また何両かの戦車は警戒任務にも用いられた。撤退の間は味方の歩兵の識別が重要な問題となった。戦車を見つけた場合、昼間は木の枝を振ることとされた。夜間は木の枝の代わりに棒の先につけた緑のランプを使う。大隊長のハイメンダールは、とくに寒冷シーズンにもかかわらず、なんとか戦車を稼働状態に保つことに気を配った。彼はメインテナンス作業を暖かい場所で行えるようにすることを望んだ。彼の要望はすぐにかなえられた。SS師団「ノルト」は、その戦区内で戦車が入ることのできる掩体をすぐに作るよう命令した。

11月23日、第Ⅲ軍団の各部隊は防衛態勢をとるように命じられた。前線には静寂が戻り、この状況は1942年4月まで続いた。1941年のソ連軍の最後の攻撃は、11月25日に発起されたもので、ソ連軍はSS師団「ノルト」の防衛線を突破しようとした。しかし防衛線は戦車の支援を受けて、破られることはなかった。

11月24日、5両の戦車を装備する軽戦車小隊が、攻撃準備のためイソ・ラキ湖に向かった。彼らはこのときいくらかおもしろく勇敢な経験をすることになっ

キエスティンキ近郊、I号戦車とSSの兵。エンジン室上で弾薬の装塡を行っている。

た。部隊は作戦行動に先だって湖の氷の厚さを調べてみたが、その厚さは22cmから30cmもあった。岸辺の氷の方が厚かったので、Ⅱ号戦車は岸辺に沿って走ったが、軽量のⅠ号戦車は湖をそのまま突っ切った。このとき戦車の履帯には雪上用の滑り止めが取り付けられていた。

　湖を走破した後、戦車部隊はフィンランド軍の攻撃に加わった。この攻撃でソ連軍は3両の水陸両用戦車と、2門の対戦車砲、350人の兵員を失った。1両の戦車に対戦車砲弾が命中したが、ドイツ戦車に損害はなかった。翌日もドイツ戦車の支援を受けて、ソ連軍の塹壕の掃討が続けられた。Ⅱ号戦車の発射速度の高い20mm機関砲は、この任務に好適であった。攻撃はまず戦車が塹壕を射撃し、それから歩兵が手榴弾と爆薬で始末をつけた。

　1個軽戦車小隊はSS師団「ノルト」の支援部隊として運用されたが、戦車大隊本体は新しい防衛陣地に入ることが命じられた。第2戦車中隊の主要部分はキエスティンキの東の野営地に入ったが、1個重戦車小隊は野営地の1km東に布陣することになった。このときも本部中隊はコッコサルミに留まっていた。部隊はパルチザンから容易に街道を守れるように配置されていた。それともうひとつの任務となっていたのは、戦車と戦車の乗員のための冬季宿営地として最適な場所を捜し出すことであった。

　しかし大隊が前線近くで冬を過ごしたのは、ごく短期間で終わった。12月23日、ノルウェー軍最高司令部は、第40戦車大隊にオウルへの行軍を1942年1月1日に開始するよう命じた。すでに第40戦車大隊を丸ごとノルウェーに移すことが予定されていたのである。しかしこの移動は実現しなかった。陸軍総司令部が、大隊にフィンランドに留まるよう命令したのである。

　キエスティンキの森の中から、クーサモを通ってオウルまでの移動は、それ自体大事業であった。大隊は小さな集団を作って、滑りやすく氷に覆われた道を、400kmに渡って行軍したのである。この行軍に関する命令は、現在もフィンランドの軍事公文書の中に見られる。命令によれば行軍を開始する最初の部隊は、第2戦車中隊で1月1日の日付となっていた。1月2日には本部中隊の装軌車両が動く。本部中隊のその他の車両は、1月4日と5日に行動を開始する。修理中隊は部隊のしんがりとなって1月7日に出発する。シャイベ中尉指揮下の小分遣隊はコッコサルミに留まり、故障した車両の修理にあたった。最後の修理部隊と第40戦車大隊の補給物資は、1月15日に出発を命じられた。スペアパーツはロバニエミに送られたが、大隊はそこから鉄道で輸送された。

　戦車大隊の第1中隊もフィンランド北部からオウルへ、ウフトゥア近くの第3中隊も同様移動の命令を受けた。第1中隊長のブルシュティン少佐は、一時的に大隊の指揮を任され、宿営地の用意を整えた。大隊は地元の製紙業者から工場の建物を借りて、それを戦車と車両の修理施設として使用した。オウルへの輸送命令に関しては、ふたつの点が強調されていたことが非常に興味深い。ひとつ目は人員と車両の双方が申し分のない状態でなければならないとされていたこと。2番目は、人員の外見を含めて、すべての面で命令に反した場合、厳しく罰せられねばならないとされていたことである。

　1941年12月29日から1942年1月7日に、キエスティンキからオウルに輸送された大隊の車両は以下のものである。

オートバイ	4両
乗用車	14両
トラック	40両
Ⅰ号戦車	7両
Ⅱ号戦車	1両
Ⅲ号戦車	8両
ハーフトラックおよびトレーラー	1両
バス	1両

　この数字には、後衛としてコッコサルミに残された修理中の車両は含まれていない。

1942年1月25日付けの第40戦車大隊の戦術記号で示された編成図。この時期大隊はオウルの冬季宿営地にあった。ようやくこのとき、大隊はフィンランドに展開以来初めて3個中隊がそろった。その他大隊には通信小隊、工兵小隊、偵察小隊、修理小隊等が所属していた。

◆冬季宿営地の第40戦車大隊

　第40戦車大隊はオウルに到着するとすぐに、装輪車両と戦車の修理が始められた。1月終わりの日付の文書によれば、車両のほぼ半数が徹底的な修理が必要であり、すぐには処置できなかった。そしてすぐ作業に必要なスペアパーツが極度に不足していることが明らかになった。最初の見通しでは大隊の準備が整うのは、1942年3月中旬と見込まれた。しかしこれはあまりに楽観的な見通しで、やがて予想された期限は最初4月で、最終的には1942年5月となってしまった。結局数カ月にもおよぶ修理期間にもかかわらず、前線に戻される前に大隊の車両は完全には修理できなかった。

　装甲車両に関しては、スペアパーツの不足とメインテナンスが問題となっただけではなかった。軽戦車は旧式であり、大隊が多数保有していることは、戦力となるよりはむしろ重荷であった。ラップランド軍最高司令部も大隊長と同じ意見であり、もっと性能のいい戦車の配属を希望した。こうして1942年1月14日、ラップランド軍最高司令部は、8両のⅢ号戦車と1両の指揮戦車の配備の要求を提出した。軍参謀部はこれで少なくとも1個戦車大隊は、敵の戦車と対戦車砲に対抗して行動できる能力を持てるように考えた。この要望はすぐにかなえられ、3月9日、ラップランド軍最高司令部は、新しい戦車がフィンランドに輸送中であると知らされたのである。この決定はアドルフ・ヒットラーその人によって下されたものであった！ 新戦車の到着は早くとも夏の終わりとなることが見込まれ、1942年9月まではⅢ号戦車の数量は21両にはならない。しかしこの数ですらまだ編成表には足りないのだ。Ⅲ号戦車は前線で必要とされる数の半分にも程遠く、より重量級のⅣ号戦車に至っては1両も存在しなかったのだ。

　3月18日、ラップランド軍最高司令部はドイツ本国にさらに要求した。今回の要求は25両のSd.kfz.9重ハーフトラックと牽引トレーラー、および12両の重トラックであった。これらの車両は、第40戦車大隊が履帯で自走する代わりに、トレーラーで積載輸送されるために必要であった。この要求はオウルから前線までの600kmの行軍のことを考えれば、十分正当といえた。履帯を使用してこのような長距離行軍を行うことは、エンジンと履帯に過度の負担をかけ、行軍中に多くの「損失」を招くことになる。大隊がそれらの機材を受け取ったかどうか記録はない。大隊の戦力を

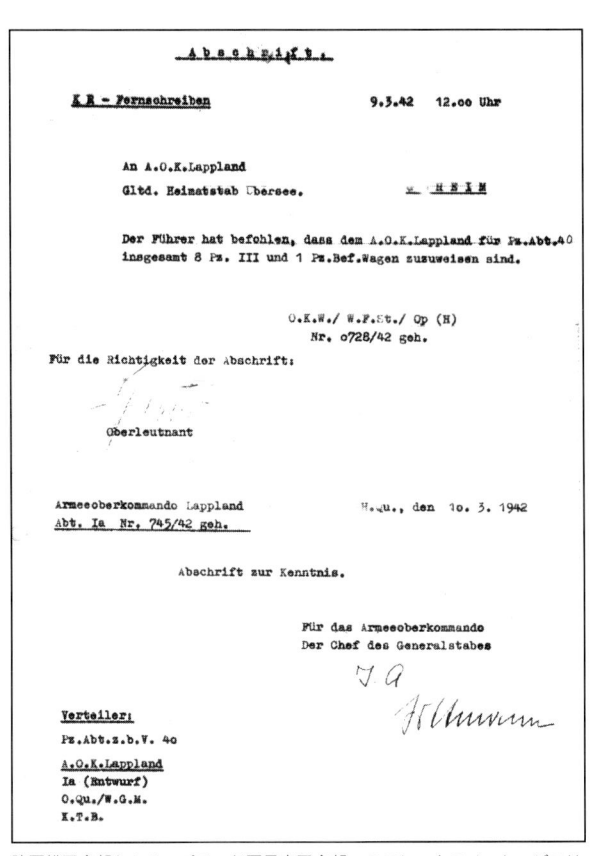

陸軍総司令部からラップランド軍最高司令部へのテレックスメッセージでは、総統がラップランドに9両の戦車を送るよう命令したことが述べられている。

示した文書の中にはこれらの装備に関する記述が見られないことから、おそらくこれらの装備は送付されなかったのであろう。

　大隊の人員については、オウルに到着した時点で、27人の下士官その他の人員が不足していた。新しい戦車の配備と何人か病気になったことでこれは3月終わりには41人に増え、1942年4月には91人にもなった。最初の交替要員は、5月に2人の下士官とその他の人員が到着し、6月には4人の下士官とその他98人が到着した。その結果大隊の総員数はほぼ700人に達した。数の面ではかなり状況は改善された。しかし質については、とくに交替要員については問題があった。とくに資格を持ったスペシャリストが不足していた。第40戦車大隊長は上官にたいしてこの件を訴え、自分達の部隊が、戦闘経験を持つ実戦部隊であり、予備役部隊ではないことを強調した。彼の意見によれば部隊の士気は、12カ月間にも渡って本国に帰国できないことに影響をうけていた。

◆1942年春、キエスティンキでの戦闘

　1942年の最初の時期は、キエスティンキ戦区ではもっぱら防衛陣地の強化が行われていた。状況は1942年4月までほとんど変化はなかった。SS師団「ノルト」とJ師団は、3月にソ連軍の攻撃を停止させていた。この攻撃は偵察が目的で、その後すぐに北方で森を抜けた大規模な攻撃が開始された。この攻撃は4月24日に開始されたが、すぐに対処が困難なものとなった。ソ連軍はドイツ、フィンランド両軍が、いまやロウヒと前線の背後を走る鉄道線路に近づき過ぎていることに気が付いていた。ソ連軍の攻撃は十分に準備されており、フィンランド〜ドイツ軍部隊には奇襲となった。ソ連軍は森を抜ける補給道路までも建設しており、1個大隊のT-34戦車、KV-1戦車と砲兵まで持ってきていた。はるかに強力なソ連軍部隊は、すぐにアハヴェンラハティと、キエスティンキを結ぶ重要な街道まで侵入し、西方との補給ルートを脅かした。

　第Ⅲ軍団は、すぐにラップランド軍最高司令部に増援を要請し、敵の攻撃を撃退するためにあらゆる努力をした。4月26日に増援部隊が約束されたが、そこには1個山岳猟兵大隊と第40戦車大隊の使用可能な戦車が含まれていた。その後第Ⅲ軍団は次々と小刻みの増援を受けた。

　第40戦車大隊はオウルで警報を受け、すぐに派遣可能な最初の部隊を出発させ、これは4月28日にクーサモに到着した。輸送は非常に困難であり、時間がかかった。春先のため道路事情は極端に悪かった。部隊は前線に到着するやいなや、戦う部隊の中にばらばらに分割された。1個戦車中隊はSS師団に与えられ、もうひとつはJ師団に与えられた。1個小隊は軍団予備に留まり、もうひとつはトゥオッパ湖周辺地域の増援に送られた。

　増援を受けたJ師団の第14歩兵連隊は、5月2日に街道に沿って北方へアハヴェンラハティに向かう攻撃を開始した。しかし攻撃はたいした進捗を見せな

1942年5月5日、イェレッティ湖近郊で撮影された、フィンランド歩兵と支援のため派遣されたⅢ号戦車。景色や天気はとても5月のものとは思えないが、写真のキャプションには「春の吹雪」とある。キエスティンキ周辺での春季戦闘の光景だ。

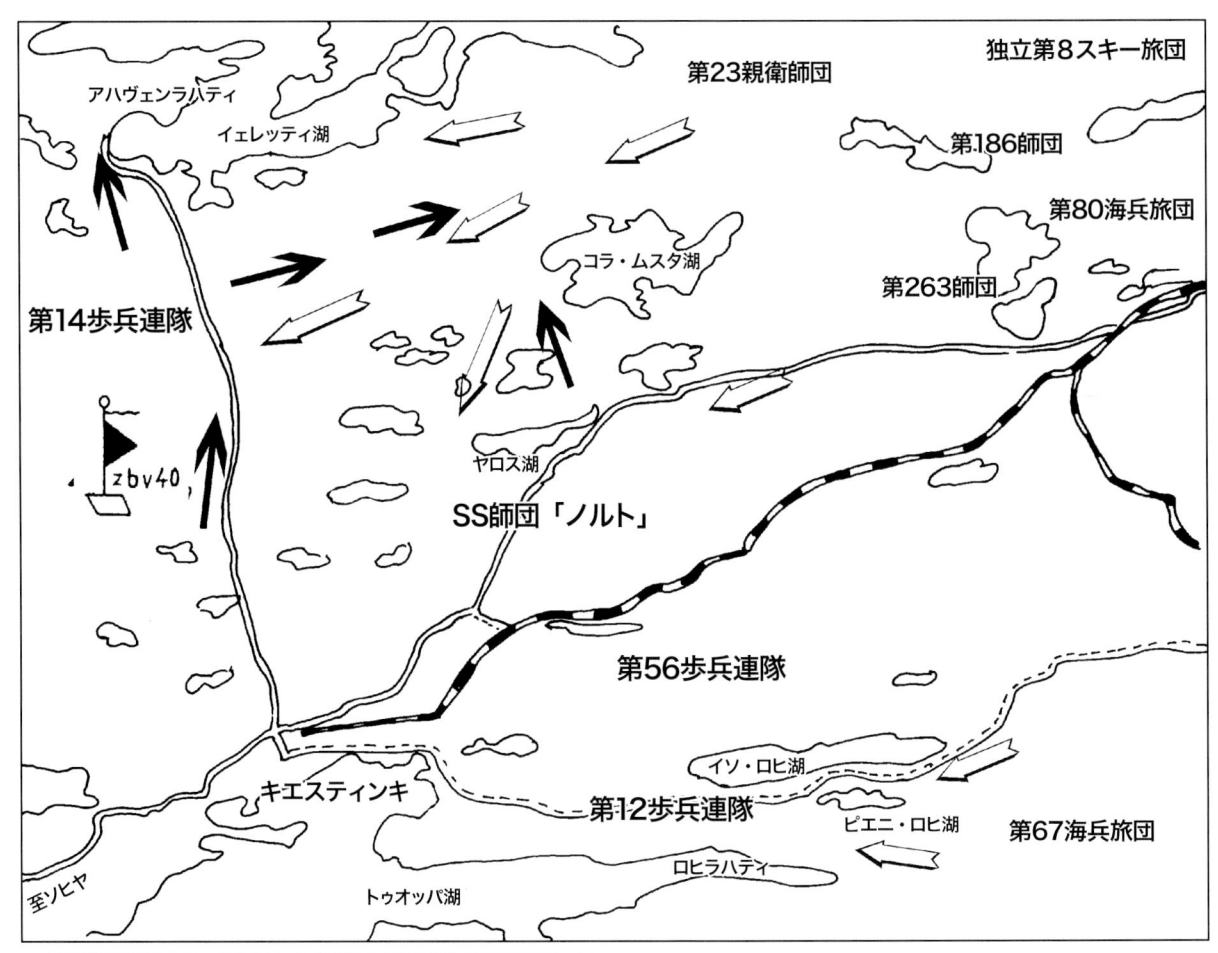

上の地図は1942年5月、キエスティンキ周辺での春季戦闘の状況を示す。ソ連軍の攻撃はドイツ軍の左翼を迂回して、ドイツ軍団の重要な補給ルートを切断しようとした。

かった。道路の整備状況は極めて貧弱で、ドイツ戦車の機動力は路上でさえ限定的であった。5月7日には何両かの戦車が、キエスティンキの交差点の安全を確保するため、コッコサルミまで進出した。同じ日、2両の戦車がSS師団「ノルト」戦区の南部で、戦闘行動に使用された。この種の戦車運用は、1942年春のフィンランド北部で生起した戦闘における、典型的な戦車運用法であった。戦車の任務は主として、何両かの戦車が集団となり、移動歩兵砲として使用された。

前線には新たな増援部隊が次々と到着し、ソ連軍の攻勢に影響を与え始めた。ソ連軍の攻撃は、その目標であるキエスティンキから西方へ通じる街道の数キロ手前で、その衝力を失い始めた。ソ連軍部隊はすでに森の中を50kmも前進しており、フィンランド～ドイツ軍部隊の圧力の増大によって、いまや自分自身を守るために防勢に転じなければならなくなった。ソ連軍はすぐに北に押しやられ、その多くは原野の中で撃破された。ここではこの戦闘について詳述する必要はないだろう。両軍部隊は道路からはるかに離れた森の中で戦い、このため戦車の支援は受けなかった。道路は戦車によって確保され、ソ連軍部隊は排除された。戦車は補給にとって死活的な役割を果たした。ときには食料と弾薬の補給が軽戦車でしか行えないこともあった。アハヴェンラハティ～キエスティンキ道は自動車では走行不可能だったのだ。

フィンランド軍のアハヴェンラハティを目指す最後の攻撃は、5月15日に開始された。攻撃部隊はJ師団とクロイトラー戦闘団の2個増強連隊からなっていた。戦闘は長時間におよんだが、5月20日にアハヴェンラハティ道の交差点とソ連軍の補給道路を確保し、その後アハヴェンラハティそのものも占領された。攻撃は戦車の支援を受け、街道沿いに続けられた。攻撃

第40戦車大隊第3中隊のⅢ号戦車「342」号車。キエスティンキでの春季戦闘の風景。フィンランド軍の37mmボフォース対戦車砲とフィンランド兵。ただし砲の脇にかがんだ士官は砲兵ではなく、フィンランドの戦場特派員である。

　速度はソ連軍の仕掛けた地雷と障害物のため、低下せざるを得なかった。攻撃方向はすぐに森の方向に転換され、ソ連軍が建設した補給道路に沿って続けられた。地形とソ連軍の構築した障害物によって戦車の使用は限定され、攻勢開始後すぐにほとんど無価値となった。

　攻撃するソ連軍部隊は5月24日には撃破され、やがて戦闘は終息した。第Ⅲ軍団の各部隊は新しい防衛陣地に入ったが、その場所は春の戦闘前とほとんど同じ場所であった。5月終わりに部隊展開に関するニュースが届いた。以前から承認されていたことだが、フィンランド軍部隊がドイツ軍の第XVIII軍団隷下の部隊と交替するのである。最終的にようやく7月3日になって交替は行われ、フィンランドJ師団はドイツ第7山岳師団と交替した。

　防衛陣地への部隊配置は6月初めに開始された。第40戦車大隊は、将来の反撃のために戦車が使える地形を偵察する任務が与えられた。しかし道路は春の雨のためまだ非常に悪い状態で、このため戦車は暖かい夏の気候が道路を乾かすまで使用できなかった。6月の終わりに、第40戦車大隊の大部分はクーサモに後退するよう命令された。たった1個戦車中隊だけが、キエスティンキに残された。キエスティンキ、カナナイネンを通ってクーサモへの行軍は、6月28日に開始された。キエスティンキに残った中隊は、キエスティンキの東数キロの大隊野営地に留まった。中隊の任務は将来ありうる反撃のために地域の偵察を行うことであった。

　クーサモへの移動後、大隊長のハイメンダールは、

第40戦車大隊第3中隊のⅡ号、Ⅲ号戦車。キエスティンキでの春季戦闘の写真。

第XVIII軍団南部戦区の後方警備を命じられた。この命令によってハイメンダールは、ドイツ軍が多数展開する全地域を警備する任務を与えられたことになる。ラップランド軍最高司令部の予備部隊としての戦車大隊の任務は、1942年秋までほとんど変わらなかった。大隊はクーサモから11kmのクーサモ〜ロバニエミ街道に沿って宿営地を設けていた。

　8月には小規模の編成変えが行われた。これにより本部は3つの部分に分けられた。本部、本部中隊と修理小隊である。この変化は日常勤務になんら実質的な変化はもたらさず、てもとの車両と人員だけで遂行された。1942年10月1日の総人員は以下の通りである。

士官	16名
軍属	2名
下士官	162名
兵員	512名
合計	692名

フィンランド兵と第40戦車大隊の車両。キエスティンキ周辺での撮影。

どうやらIII号戦車「332」号車は、スリップして側溝に落ち込んでしまったらしい。

キエスティンキでの春季戦闘中の第40戦車大隊のⅢ号戦車D型。地表条件は戦車にとって極めて困難で、ドイツ戦車はひどく難渋している。視界も射界も悪く、地上にはソ連軍の地雷も敷設されていた。

春季戦闘中のⅢ号戦車「332」。フェンダーが部分的に失われているのに注目。

◆第40戦車大隊のノルウェーへの移動

このころ東部戦線の各所では増援が必要とされており、フィンランドのような比較的平穏な戦線に、第40戦車大隊を留め置くことは無意味であった。1942年11月18日、ラップランド軍最高司令部は第40戦車大隊にたいして、大隊をノルウェーに移動させることを要求する陸軍総司令部命令を伝えた。そこで大隊は新しく編成される第25戦車師団の一部として行動することになる。氷結によって船舶輸送が停止される前に海上輸送を終えるため、輸送作業は急ぎに急がれた。大隊には新しい車両が配備されることも約束された。輸送第一陣は道路を使ってオウルまで輸送され、そこから鉄道を使ってボスニア湾岸南部の港に運ばれ、ノルウェーへと船積みされた。

大隊は中隊規模の部隊をフィンランドに残置した。この部隊は旧式戦車とその乗員からなり、フィンランドに残って3個小隊を持つ1個軽戦車中隊を編成した。この部隊の任務は後方地域の警備であった。これはひとことで言って、戦車が最前線の戦闘で使うには不向きだったからだ。この中隊の編成と使用状況については、本書中の別の箇所で詳細に語られるであろう。

フィンランドに残置された車両および人員は以下の通りである。

Ⅲ号戦車（3.7cm砲装備）……3両
Ⅰ号戦車B型………………16両
サイドカーつきオートバイ…1両

第40戦車大隊第3中隊のⅠ号戦車。フィンランド負傷兵を載せてイエレッテ湖まで後退するところ。1942年5月16日の撮影。

士官‥‥‥‥‥‥‥‥‥‥‥‥‥‥‥‥‥1名
下士官および兵員‥‥‥‥‥‥‥52名

　第40戦車大隊の主要部分はオウルまで行軍し、1942年11月27日夕方、そこで命令を受領した。大隊のオウルから先への輸送準備は、11月30日には整ったといわれる。ここでの部隊兵力は以下のとおりである。

士官‥‥‥‥‥‥‥‥‥‥‥‥‥‥‥15名
下士官および兵員‥‥‥‥‥‥508名

戦車‥‥‥‥‥‥‥‥‥‥‥‥‥‥22両
トラック‥‥‥‥‥‥‥‥‥‥‥‥87両
乗用車‥‥‥‥‥‥‥‥‥‥‥‥‥35両
その他車両‥‥‥‥‥‥‥‥‥‥‥93両
機材‥‥‥‥‥‥‥‥‥‥‥‥‥113 t

　これらの表を比較すると、大隊は人員のおよそ10％、戦車の50％をフィンランドに残置したことがわかる。
　大隊はオウルから鉄道でピエタルサーリまで輸送され、12月初めにそこから船でノルウェーに送られた。
　大隊は1942年12月16日にオスロに到着し、そこで第9戦車連隊第2大隊として新しい人生を歩み始めた。この戦車連隊は新しく編成された第25戦車師団に属しており、所属部隊はすべてオスロとその周辺に散らばっていた。第25戦車師団は1943年8月にデンマークに輸送され、デンマーク軍の武装解除に加わった。師団はさらなる訓練と補給のため、デンマークからフランスへ渡った。1943年10月に師団はキエフ近郊の前線に投入された。師団は北部ウクライナで激しい戦闘を続け、ほとんど壊滅した。その後師団の残余は1944年5月にデンマークに戻され再編成の後、再び東部戦線に送られた。師団は1945年5月にドイツ本土でソ連軍に降伏した。

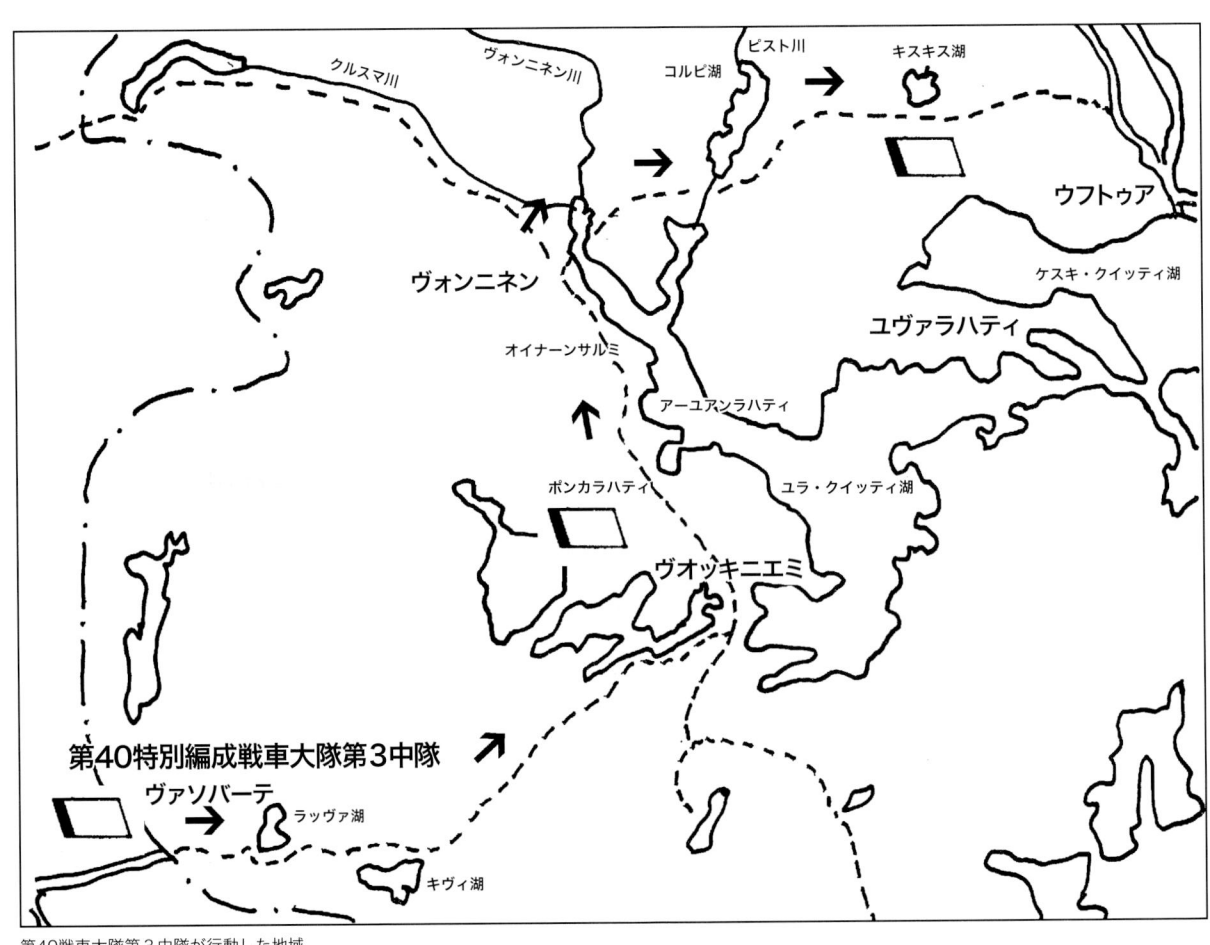

第40戦車大隊第3中隊が行動した地域

第40戦車大隊は、1942年の春総統命令によって、新品Ⅲ号指揮戦車H型を受け取った。この写真は1942年5月のもの。本車の砲塔は固定されており、5cm砲はダミーで武装は1門の機関銃のみである。本車は指揮戦車として作られた特別製で、無線機材が充実しており、エンジンデッキにフレームアンテナが増設されているのがわかる。まっさらの新品状態であることに注目。

1941年7月1日、ラーテ道で攻撃を開始する第40戦車大隊第3中隊のⅢ号戦車。

第40戦車大隊第3中隊の士官達が、ラーテ道への初めての攻撃の計画を立てている。左端の士官はフィンランド軍士官で、道路上に立っているのもフィンランド軍士官。

6月27日、攻撃開始数日前にラーテ道で撮影されたフィンランド歩兵とドイ
ツ戦車兵。2人のフィールドグレイの制服を来た兵もドイツ軍の戦車中隊に属
する兵だが、戦車兵は黒の制服だけで彼らは戦車兵ではない。

ドイツ軍とフィンランド軍の士官が攻撃の継続を待っている。7月初めヴォッ
キニエミで撮影したもの。

7月11日、ラトヴァヤルヴィとイルヴェスヴァーラの間で撮影された第3中隊の戦車群。ソ連軍が橋を爆破したため迂回路を通過している。

ヴォッキニエミの第40戦車大隊第3中隊の3両のⅢ号戦車が写っている。
1941年7月11日の撮影。中央はJ型で他の2両はH型である。

同型車両の車長が車長席についているところ。

7月16日、オイナスニエミの戦闘におけるⅢ号戦車3両。「335」の操縦手用
視察バイザーと機関銃の間につるされた蹄鉄に注目（蹄鉄は戦争中、しばしば
お守りとして各種車体に取り付けられていた）。

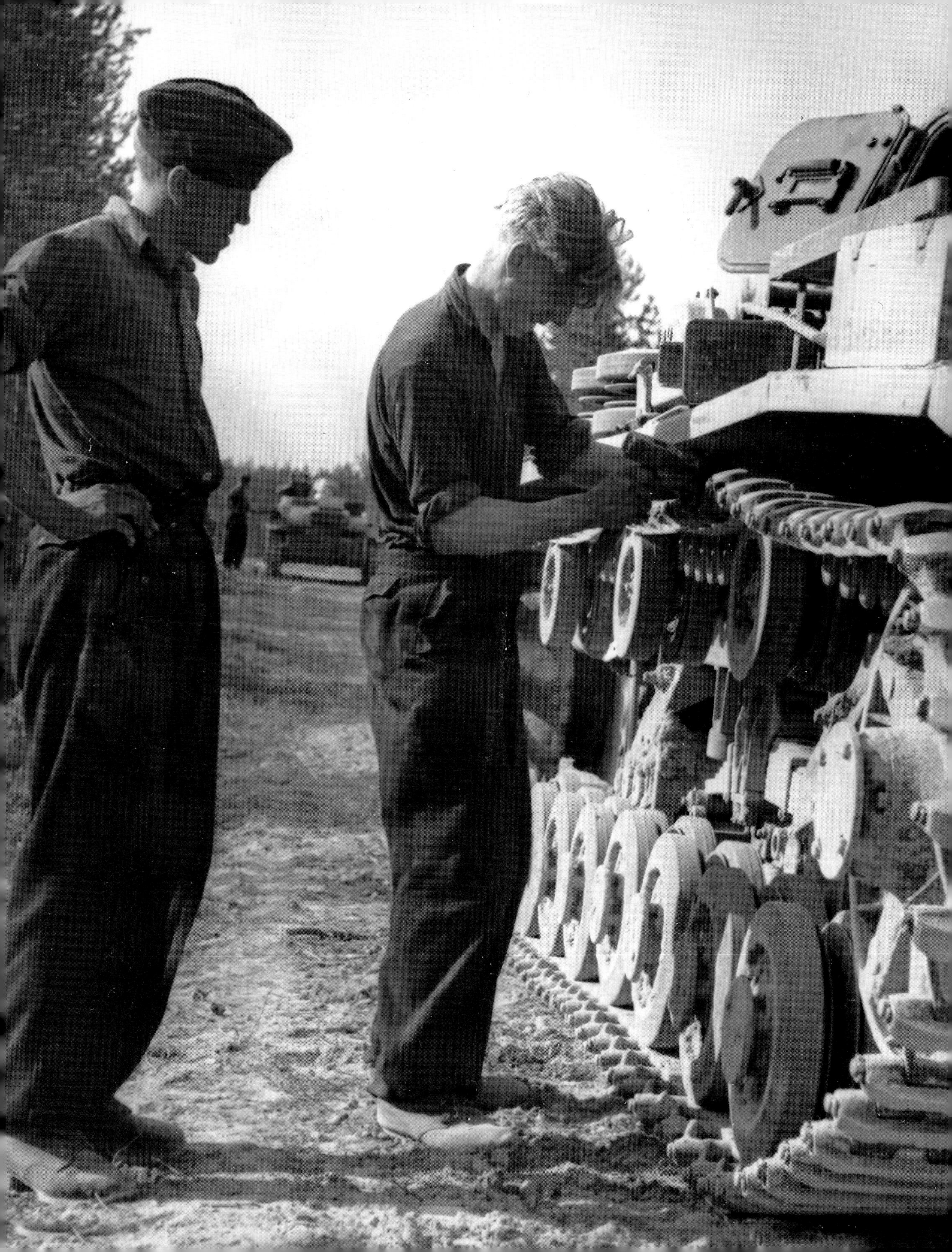

ヴォッキサルミ近郊で、地雷を踏んで履帯を破壊されたⅢ号戦車。この方面ではソ連軍の敷設した地雷でしばしば戦車が損害を受けた。

ヴァソンヴァーラでの戦車中隊のⅠ号指揮戦車。本車はⅠ号戦車をベースに改造された車体で、優れた無線装備を有していたが、武装は前面のボールマウント式7.92㎜機関銃1挺だけだった。

ピスト川近くで破壊されと使用不能となった第40戦車大隊のⅡ号戦車。

7月、ヴォッキニエミの近くで仮設橋を渡るⅢ号戦車。この地域にはたくさんの小河川があり、ソ連軍はすべての橋を破壊したため、戦車の前進は遅滞させられた。

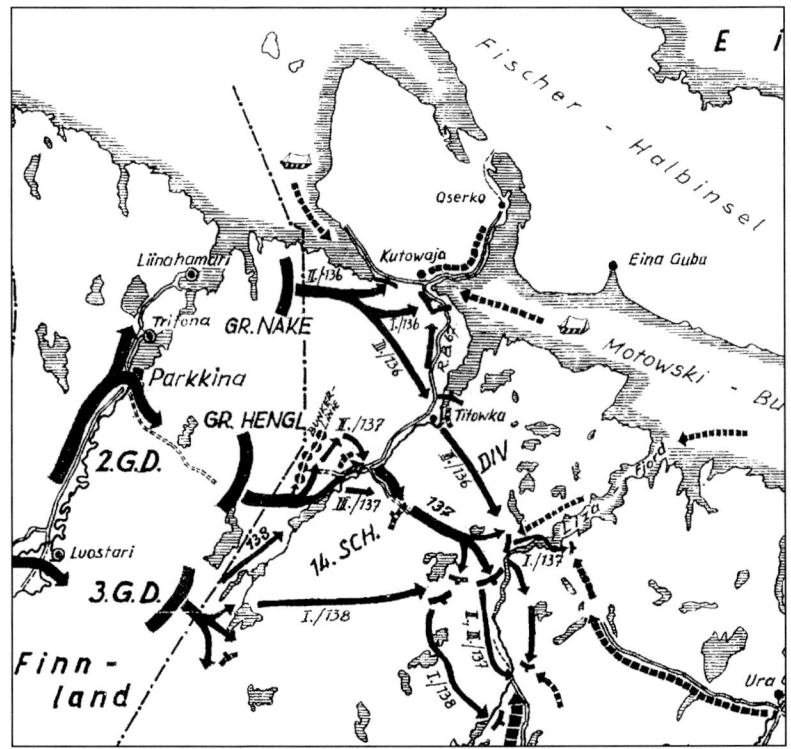

ペツァモから東方へのドイツ軍の攻撃。

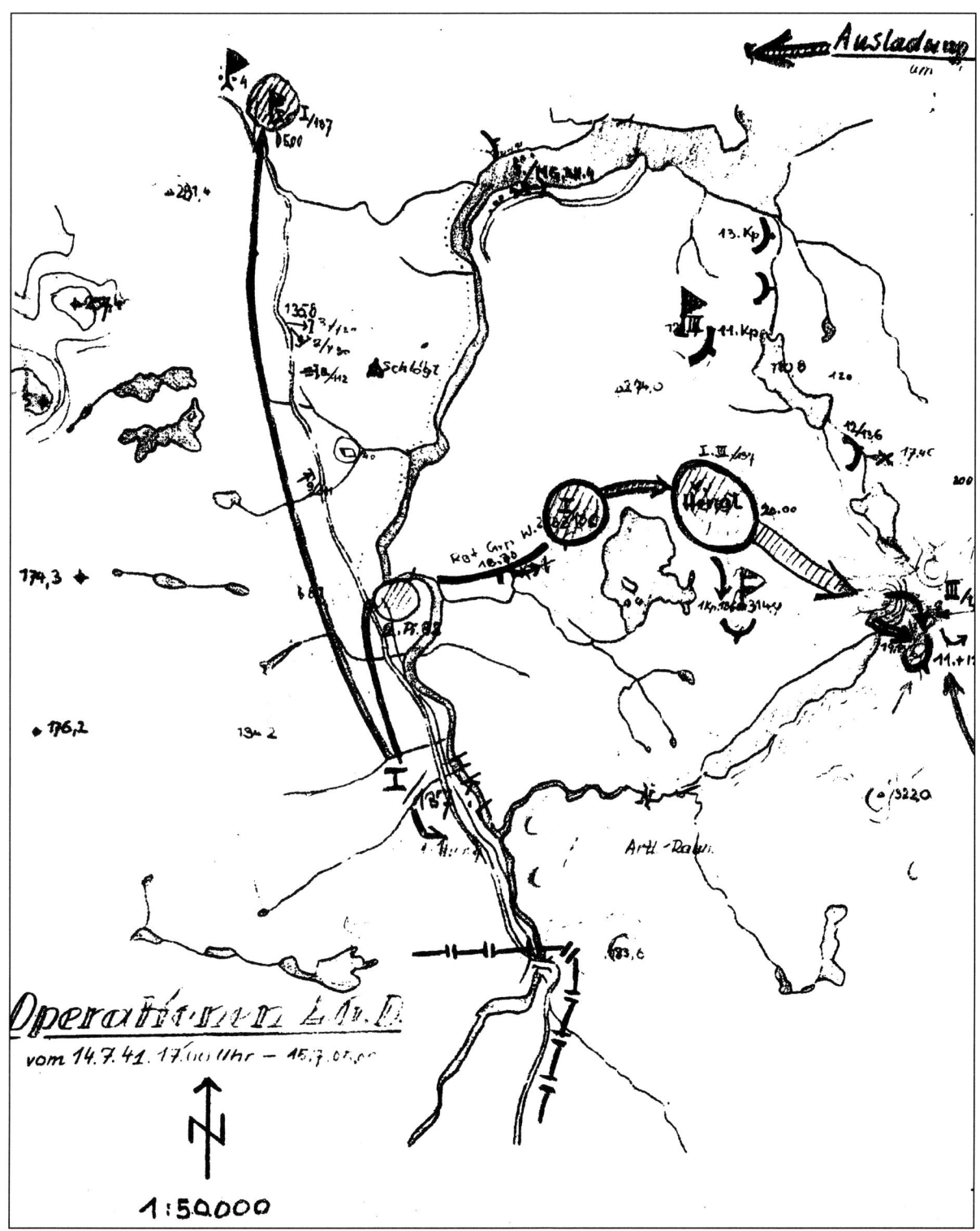

7月14日、第2山岳師団はリツァ川東岸を攻撃した。第40戦車大隊第1中隊は分割して使用され、地図上で一部は北に派遣され一部はリツァ川の東へ進出した。地図は戦時日誌のもの。

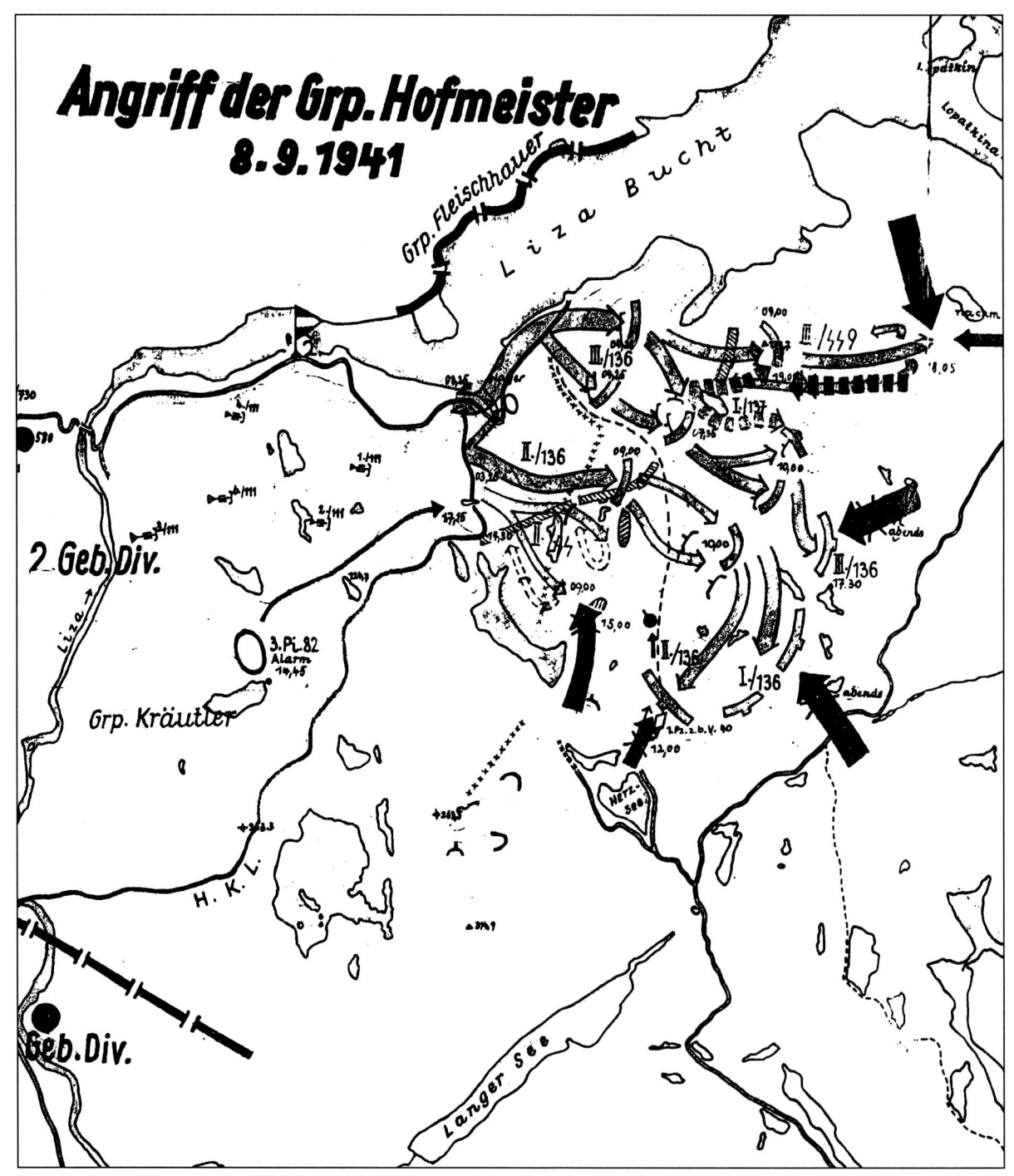

1941年9月始めに発動された、第2山岳師団のソ連軍陣地を突破する最後の試み。この戦時日誌地図に描かれたように、第40戦車大隊第1小隊はリッツァフィヨルドの南部から、矢印の突破コースを取った。これが唯一戦車の行動に適した経路だった。

8月8日、キエスティンキ近郊の第40戦車大隊第2中隊のⅢ号戦車D型「214」号車。このタイプは1938年にわずか30両が作られただけで、大隊でも古手の戦車だった。とくにこの車体はもっと古そうで、C型砲塔を搭載している。

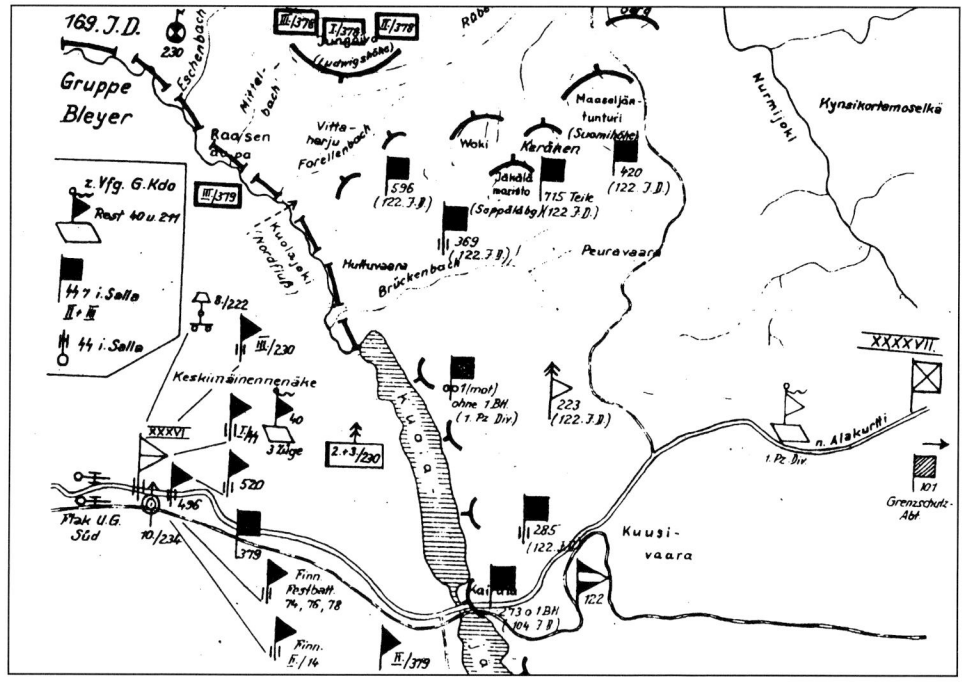

ドイツ軍部隊は当初カイララ道を開放する攻撃を行った。第40戦車大隊は分割され、3個小隊は主要道路沿いを急追しようと待機し、大隊の主要部分は後方で軍団予備となった。戦闘日誌地図で、参加したほとんどのドイツ軍、フィンランド軍部隊が書きこまれている。

Ⅱ号戦車とSS師団ノルトの兵。撮影時期および場所不明。

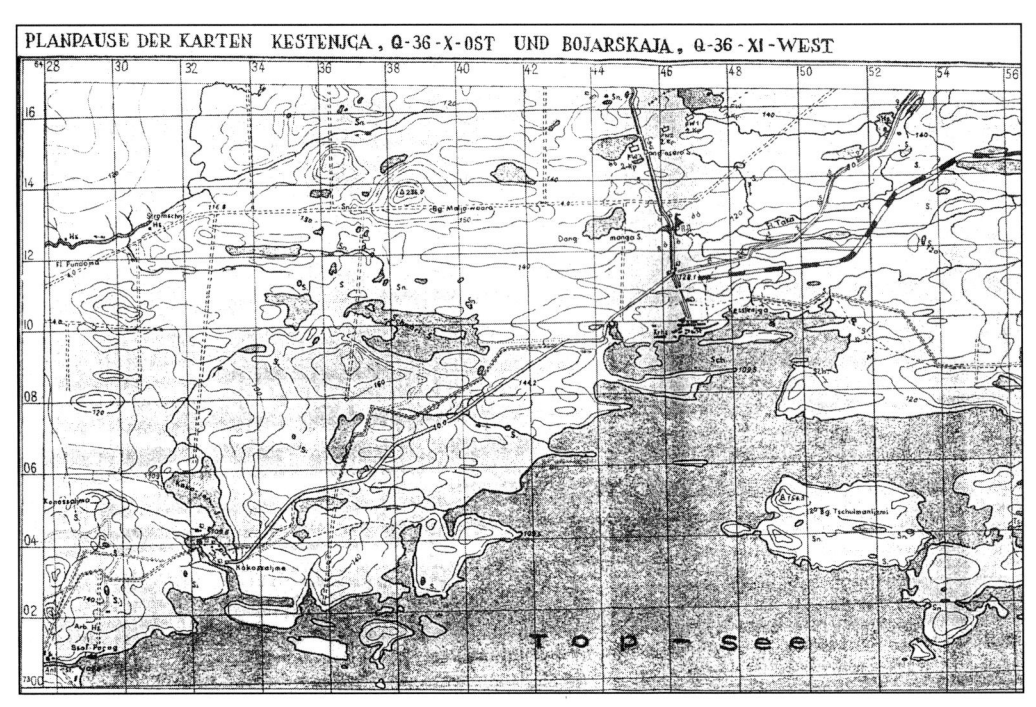

キエスティンキ周辺の戦闘地域

キエスティンキ近郊の第40戦車大隊第2中隊の戦車。

第40戦車大隊のⅡ号戦車とSSオートバイ兵。9月半ば、ソフヤナ近郊。車体後部と左右フェンダー上には所狭しと各種装備が搭載されている。

8月8日、キエスティンキ近くで撮影されたIII号戦車。

9月半ば、ソフヤナン近郊でのI号戦車。

8月、焼け落ちたキエスティンキにたたずむⅡ号戦車。

9月半ば、ソフヤナのⅠ号戦車。

1941年10月、キエスティンキの東で戦闘行動中の第40戦車大隊第2中隊のⅢ号戦車。

1941年10月、キエスティンキの東で撮影されたⅢ号戦車。

1941〜1942年冬季戦中、キエスティンキで撮影されたⅡ号戦車。車体には縦縞の冬季迷彩が施されている。

第3小隊のIII号戦車D型。1941年9月終わり、ウフトゥア近郊で撮影されたもの。

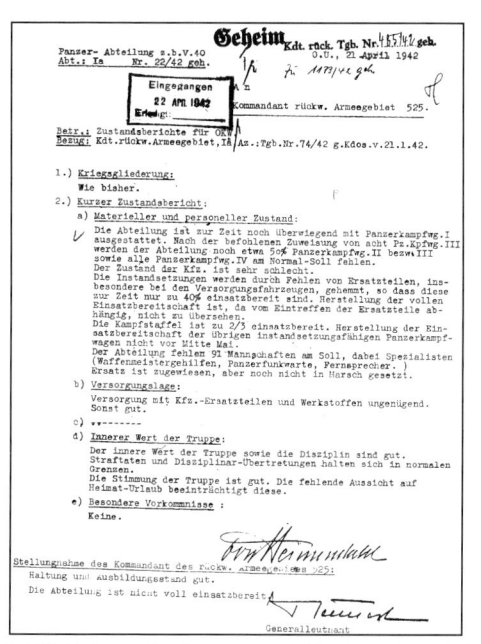

第40戦車大隊司令官の、1942年4月21日の大隊の状況に関する報告書。大隊はオウルにおり、ドイツ・ラップランド軍の後方地域司令官に隷属していた。

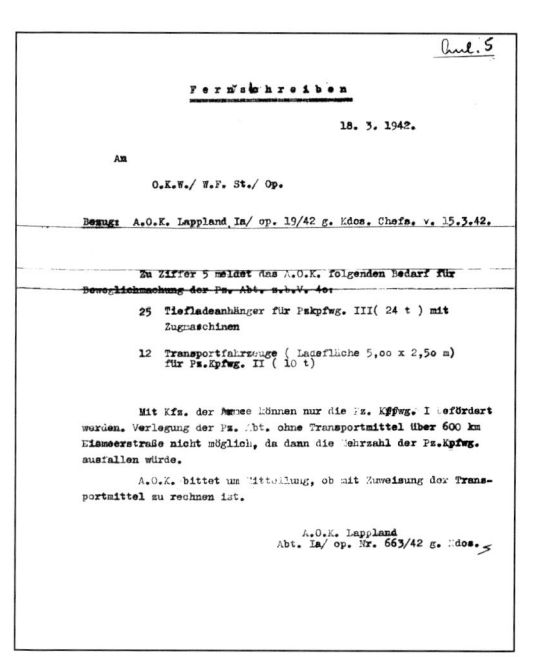

ラップランド軍最高司令部が、第40戦車大隊の車両輸送のため、トラクター、トレーラーおよび重トラックを要求したテレックスの原文。

1942年5月初め、キエスティンキ近郊で滑りやすい道路上で溝に突っ込んだⅢ号戦車D型。

ドイツ軍山岳猟兵とⅢ号戦車。1942年5月15日の撮影。森を通過するため、ドイツ軍は通行路を建設した。

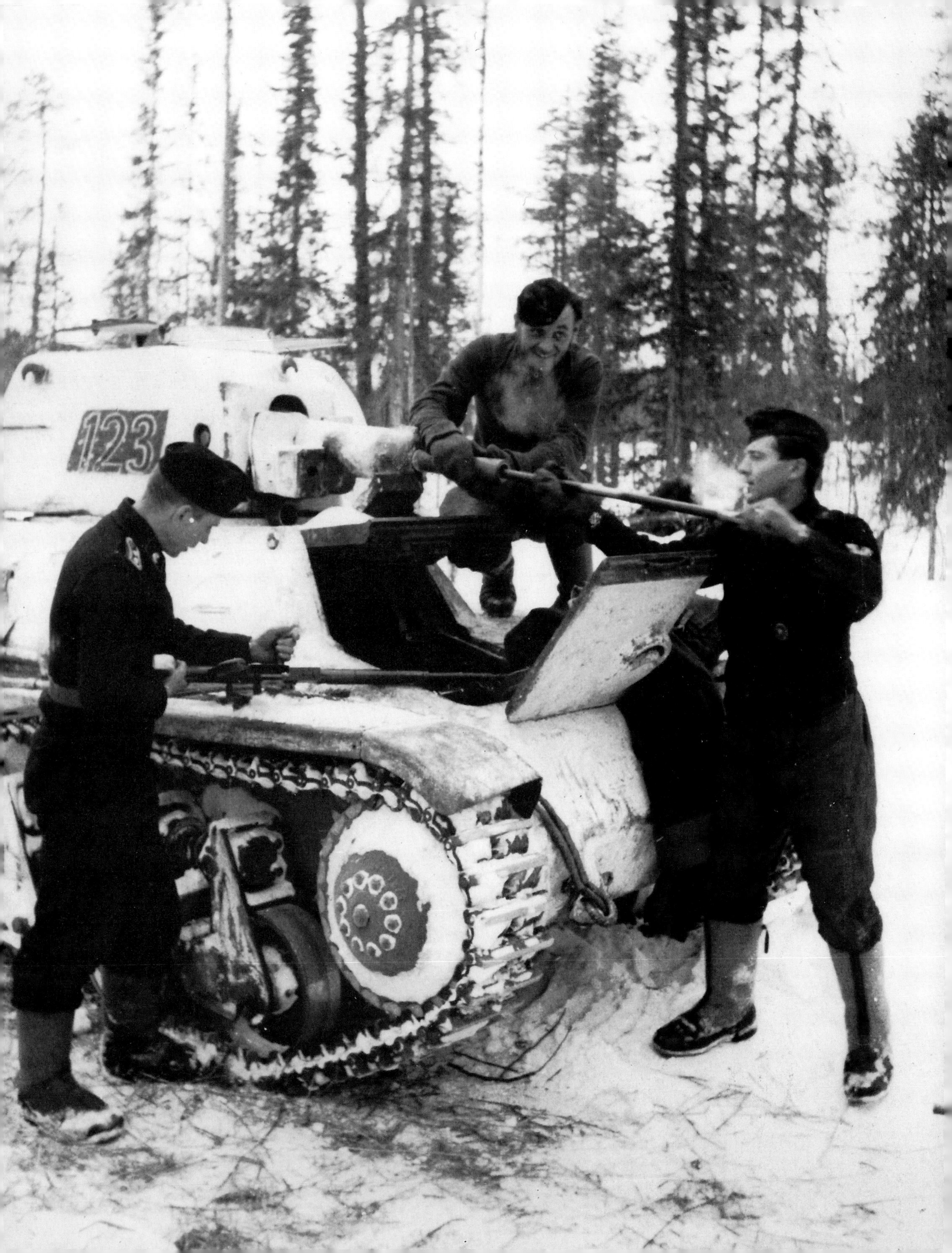
123

第211戦車大隊

◆サッラおよびアラクルッティの第211戦車大隊

　第211戦車大隊は、1941年6月中旬にフィンランドに船舶輸送され、いくつかの港に別れて上陸しサヴコスキ南東の野営地に入った。部隊は野営地で第169歩兵師団の隷下に配属された。第169歩兵師団はサヴコスキからサッラに通じる街道沿いに展開していた。なおフィンランドには現在サッラという村があるが、ここは終戦まではメルカヤルヴィと呼ばれていたことを記憶されたい。前のサッラ村は、現在はフィンランド〜ロシア国境の向こう側になっている。最初大隊は、第169師団のサッラ、カイララ隘路、そしてその後のカンタラハティへの攻撃を支援することが予定されていた。

　大隊は、攻撃開始直前にサッラからサヴコスキに通じる街道に沿ってサイヤまで移動した。新しい野営地は国境から20km後方で、来るべき攻勢の発起点に近かった。大隊は第XXXVI軍団の隷下に留まっていたが、6月27日に1個小隊が第169師団に派遣された。この小隊はこの後シャック戦闘団に所属することになる。シャック戦闘団は事実上第392歩兵連隊を増強したものである。戦闘団はサッラに通じる街道を北東に攻撃するよう命じられていた。第211戦車大隊は、戦車が攻撃に投入されることになる地域の偵察を命じられた。

　XXXVI軍団所属部隊の攻撃は、1941年7月1日の16時に開始された。目標はサッラである。第211戦車大隊は、攻撃開始後撤退するソ連軍を追撃する準備を命じられた。そのうちの1個小隊は急速に機動するため、攻撃する歩兵部隊に近接して移動した。しかし急速な前進の見通しは、堅固に固められたソ連軍の防衛陣地にぶつかったことで、すぐに不可能となった。陣地の突破は困難で、攻撃はすぐに停止に至った。中央部を受け持ったシャック戦闘団だけがなんとか国境を越えることができ、サッラ〜コルヤ道に達し、サッラのソ連軍部隊を脅かすことができた。

　7月1日の戦闘初日、歩兵大隊に分属された戦車大隊の1個小隊が、ソ連軍陣地を攻撃した。この攻撃の結果ソ連軍の1個中隊が撤退した。しかし戦車が達成した最初の成功に歩兵部隊が追求することができなかったために、戦果を拡大することはできなかった。

　大隊はその後、サッラに向かう街道の攻撃を継続するため、1個小隊をリューベル戦闘団（第378歩兵連隊を増強したもの）に派遣した。7月2日、多数の戦車が配備されていたシャック戦闘団は、代わってコルヤ〜サッラ道を攻撃する戦闘団の後方に回った。

　ナアア特務曹長の指揮する戦車小隊は、7月2日、歩兵の支援を受けずにシャック戦闘団の一部として、サッラ〜コルヤ道の橋に対する攻撃を行った。ソ連軍は防衛準備を整えており、なんとか1両の戦車に対戦車砲弾を命中させた。装甲は貫徹されなかったにもかかわらず、被弾した戦車はすぐに燃え上がった。先行する戦車に続行していたもう1両も同じく破壊された。戦車を離脱させることができず、乗員は乗っていた戦車を放棄した。何人かの乗員はソ連軍の射撃で倒れた。随伴する歩兵は戦車から脱出する乗員に十分な援護射撃をすることをせず、乗員を支援のないまま放置して後退した。この話はすべて大隊長が書いた公式文書に載っていたものである。戦車はこの後夕方にも、単独で道路の警戒をしなければならず、歩兵と重砲兵は後方に下がったままだった。戦車と歩兵部隊との協力は、理想とすべきものとははるかに懸け離れていた。歩兵部隊は目標を指示せず、戦車に彼らの計画についても説明しなかった。大隊長は戦車の後方に対戦車砲を配置して支援するよう要請したが、これはけっして実現しなかった。

　シャック戦闘団は7月3日にクオラ川に到達し、攻撃は街道に沿って南に指向された。ソ連軍が多数の対戦車火器を集めて来たにもかかわらず、戦車は攻撃の先頭に立てられた。何両かの戦車は被弾したが、ほとんどは最も装甲の厚い砲塔に命中し、貫徹したものは1発もなかった。

　戦闘は7月4日も続いた。1両の戦車が、コルヤ〜サッラ道の近くで、苦労をして攻撃を仕掛けたソ連戦車を撃破した。その戦車は多数の命中弾を浴びて、ドイツ軍の手に落ちた。ドイツ兵達が驚いたことに、戦車の操縦手は戦車内でまだ生きており、ドイツ兵を

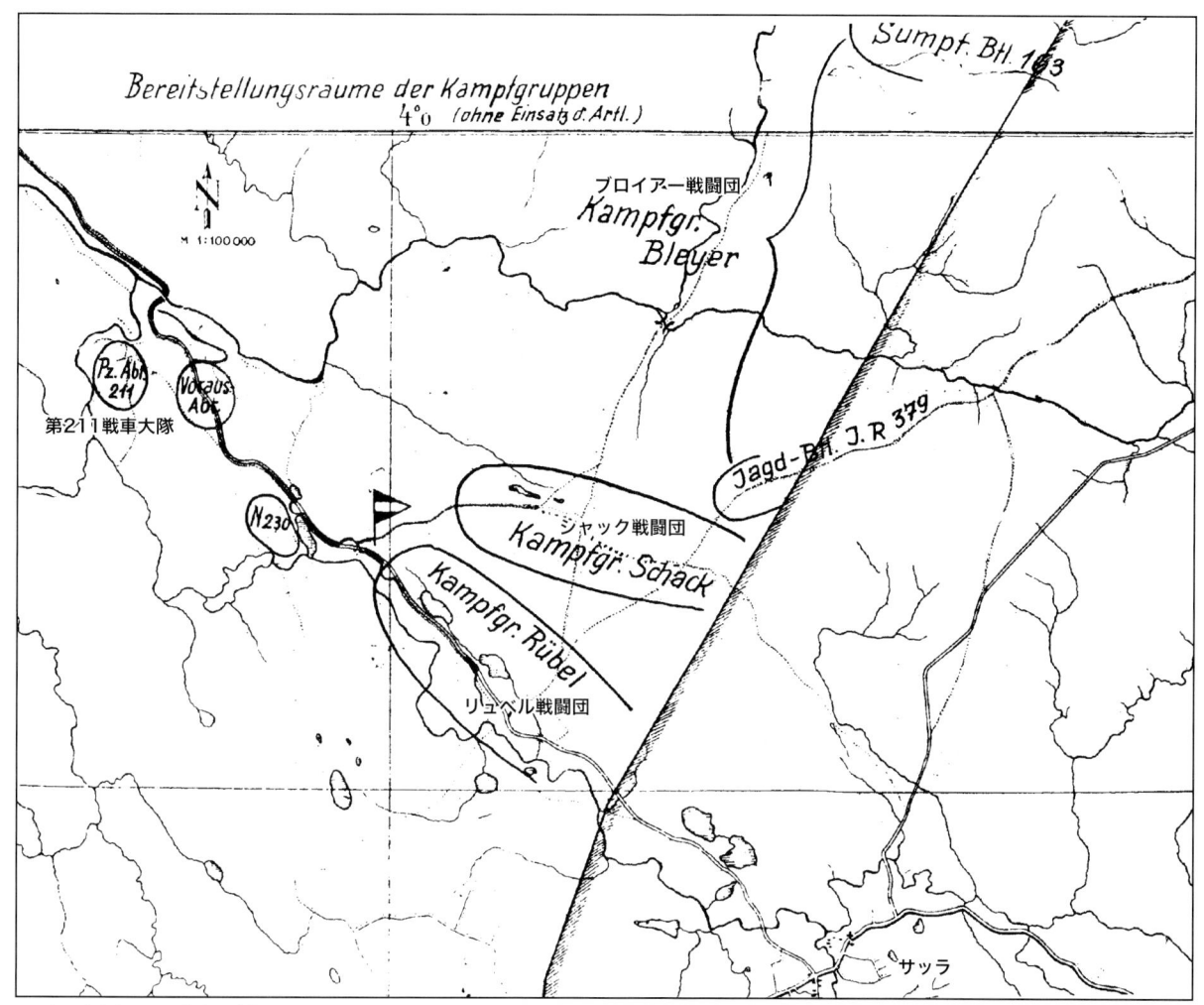

ここに示されたのは、戦時日誌地図に描かれた、1941年7月初め、国境を横切って布陣した第169歩兵師団攻撃グループの様子。師団は2つの増強連隊による、シャック、リュベル戦闘団に編成され、街道から北に攻撃する準備が整った。第211戦車大隊は、まだ後方の準備地域に留まっていた。しかし攻撃翌日には、部隊の主要部分は戦闘団を追ってサッラから北のコルヤに通じる道を通って前進した。ここに言う北へ通じる道は、地図上のサッラの町から北へ向かう道である。

拳銃で射撃した。戦車はさらに4発の命中弾を受けたが、操縦手は死ななかった。彼はサブマシンガンの射撃を浴びて、彼の戦車の脇に倒れた。これはドイツ兵にフランス製戦車の徹甲弾の威力に大きな疑問を抱かせた。弾丸は貫徹しても、直接乗員か致命的装備に命中しない限り、必ずしも戦車の戦闘能力に影響を及ぼさないようであった。

大隊は戦闘開始後4日間で、全部で6回歩兵を支援して攻撃を行った。大隊の損害は下士官2人と兵員1人が戦死、1人が負傷であった。

ソ連軍はサッラ～コルヤ道に沿って最初の反撃を開始したため、すぐにドイツ軍は第211戦車大隊第1中隊の1個小隊を道路の警戒のために派遣した。小隊は

7月5日までその場所にあったが、戦車は道路脇に偽装もせずに置かれていたため、絶え間無くソ連軍の砲火にさらされるはめになった。戦車はすぐに土埃にまみれ、戦車からの視界は全く効かなくなった。戦車の1両は履帯に命中弾を受けた。小隊長は状況の重大さに気が付き、戦車のそれ以上の損耗を防ぐため、独断で後退させた。同時に別の小隊は工兵の道路修復作業を支援するため出動した。

第169師団戦区での次の大規模攻撃は、7月6日の早朝開始された。シャック戦闘団の大部分は、コルヤ～サッラ道に沿って南に移動した。攻撃は何両かの戦車に支援された。しかし第211戦車大隊のほとんどは、師団予備に留まった。第1中隊のビュトナー少尉と少

1941年7月20日付けのXXXVI軍団の戦車部隊の編成表。軍団は、第211戦車大隊の全兵力、大隊所属の2個軽戦車中隊と修理小隊、輸送段列を使用した。一方第40戦車大隊はその大部分、3個のうち2個軽戦車中隊、（上段左側）工兵小隊そしてオートバイ偵察小隊、（右端）通信小隊、（下段左から）輸送段列、修理小隊が使用された。

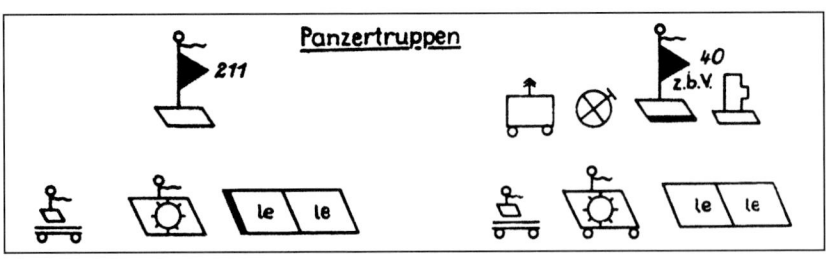

尉の指揮する小隊は、川を渡って攻撃に参加した。今回はうまく協力できた。戦車は歩兵から位置を指示されて、敵の機関銃陣地をなんとかつぶした。

シャック戦闘団はカイララに通じる街道に進出することに成功したが、まだサッラ村には到達できなかった。ビュトナー少尉が指揮する小隊はサッラに向かったが、第2中隊の別の小隊はカイララに向かって東に進撃を続けた。ビュトナー小隊の戦車はサッラ村の1キロ東の街道上で何両かのソ連戦車と衝突した。ドイツ軍もソ連軍も、それぞれ1個小隊の戦車が戦闘に加わった。ドイツ側の記録によれば、ソ連軍は8両の戦車を失い、ドイツ軍は2両の戦車を破壊された。しかし2時間たっても、攻撃を支援する歩兵が現れなかったため、ドイツ戦車は撤退せざるを得なかった。ソ連軍は対戦車砲を巧妙に偽装して、うまく陣地に配置していた。

ドイツ軍がサッラからカイララへの街道を切断することで、戦闘が開始された。ソ連軍は戦車を使って街道を東西から開放しようとした。ドイツ軍の戦車小隊はカイララに向かい、攻撃を仕掛けた2両の敵戦車を破壊した。ソ連軍は二度と街道の開放に成功しなかった。このためサッラでほとんど罠に落ちたも同然だった。この作戦はサッラの戦いで幕を閉じた。夕方、トゥエンテ少尉に指揮された第2中隊第3小隊の戦車が、東にカイララに向かって攻撃を仕掛けた。しかし歩兵が追従しなかったため、引き上げなければならなかった。すぐに明らかになったのは、SS戦闘団「ノルト」の兵は、サッラでフランス製戦車に出くわし、これをソ連軍の戦車と思い込んでしまったのである。こうした事態を防ぐため、第40戦車大隊の戦車乗員何名かが監察員として送られ、彼我の戦車の識別にあたることになった。

サッラにたいする新たな攻撃は、7月7日、東西から行われ、その夜ソ連軍は撤退した。サッラの戦いではソ連軍にとっても厳しいものであったことは間違いなく、ソ連側は50両の戦車を含む損害を受けた。戦闘が行われた村とその周辺地域は、非常に限定されていた。戦車はほとんどの場合道路上を行動した。ソ連軍の失った50両の戦車のうちおよそ半分は、ドイツ戦車が撃破したものである。残りは歩兵と対戦車砲が破壊した。

戦車によるサッラへの攻撃は、ドクター・フランツおよびトゥエンテ少尉の指揮する第2中隊の2つの小隊によって、7月7日の午後開始された。ドクター・フランツの戦車は、歩兵の支援を受けながら先頭を進んだ。戦車は砲兵射撃を浴びたが、路上には旋回できる場所がなかったため、前進を続けるよりなかった。トゥエンテ少尉の戦車はその後に続いた。危険はあったが、サッラの向こうにある橋はまだ無事だった。戦車はフルスピードで橋を突っ切った。先頭を行く戦車2両が敵砲火で破壊されたが、両戦車小隊は攻撃を続けた。その後戦車はサッラ丘のふもとで、ソ連軍の砲兵陣地に突き当たり、そのまま敵砲兵中隊を撃破した。戦車はそれから歩兵とともに村そのものに突入し、村を解放した。サッラの戦いは夜の21時に終了した。それから戦車は、翌朝まで最前線で警戒任務にあたった。しかし夜のうちに別の戦車小隊がサッラに到着したので、小隊は翌朝歩兵をともないサッラの西方での攻撃を継続した。

サッラの戦いには、第211戦車大隊のすべての稼働戦車が戦闘に加入した。6両の戦車が敵砲火で破壊され、そのうち4両は修理不能であった。10両の戦車が戦闘途中で技術的問題により脱落したが、これらのほとんどが後に修理されて復帰した。下士官2名とその他の兵員2名が戦死した。さらに下士官2名とその他兵員2名が負傷した。これは全体の12%の人員に損害を受けたことを意味する。しかし戦果は損失より大きかった。大隊の戦車は24両の敵戦車を撃破し、5門の対戦車砲を破壊した。サッラの占領に戦車が果たした役割は、非常に大きなものであった。

第211戦車大隊のホチキス戦車。1941年の撮影だが場所は不明。車体に寄りかかっている戦車兵との対比で、車体のサイズの小ささがよくわかる。砲塔ナンバーはドイツ軍の規格によれば第3中隊を意味するが、この大隊には2個中隊しかなかったはずだ。おそらくこのナンバーは大隊本部から始まっており、この車体は第2中隊のものなのではないか。車体前面板に女性の名前が書かれているのに注目されたい。

　サッラの占領後すぐに、第211戦車大隊と第40戦車大隊が合わさって、ハイメンダール戦車戦闘団が編成された。カイララの隘路に通じる道はひとつしかなく、戦車は主として道路上でしか行動できなかったため、戦車をひとつの司令部にまとめることが決定されたのである。この新しく編成された戦闘団には、1個対戦車小隊も加えられていた。戦車戦闘団は、現在退却するソ連軍を追って主要街道沿いで戦闘している第169師団に隷属することになった。全戦車戦闘団はサッラで師団予備として控置された。これらの部隊は、先鋒部隊が敵戦線を突破したら投入することとなっていた。しかし小隊規模の戦車は、第169師団の2個連隊に分属されていた。しかし残念ながら、これらの戦車が第211と第40戦車大隊のどちらから派遣されたものかははっきりしない。

　ハイメンダール戦車戦闘団は3週間存続したが、7月28日に廃止された。カイララ近郊にいた第40戦車大隊はマルカヤルヴィに後退してノルウェー軍最高司令部の指揮下に入った。その前の3週間に渡って、XXXVI軍団はカイララ隘路の占領とその後のアラクルッティへの進撃準備のためなんの攻撃も行わなかった。攻撃は7月26日に開始されたが、ほとんど瞬時に停止させられた。この作戦計画と戦車運用に関しては、本書の第40戦車大隊に関する章に詳細が述べられている。

　第40戦車大隊が軍団から移動したため、その任務は第211戦車大隊に引き継がれた。そして第211戦車大隊長のヴォルフ少佐の名前をとった、ヴォルフ戦闘団が編成された。戦闘団は第211戦車大隊に1個歩兵大隊、1個工兵中隊、1個対戦車小隊から編成されていた。新戦闘団はブロイアー戦闘団（第376歩兵連隊を増強したもの）の防衛戦闘を支援するよう命じられた。大隊はここでようやく保守整備と修理のための十分な時間をとることができた。7月の大隊の損害は戦死4名、負傷4名で、これは本当に少数といえた。同時に少なくとも6両の戦車が失われた。

ホチキスH-35、H-38、H-39。ドイツ軍名称はPzkpfw.38-H 735(f)

ソミュアS-35。ドイツ軍名称はPzkpfw.35-S 739(f)

◆第211戦車大隊の
　フィンランド師団への移行

　戦車隊員達がヴォルフ戦闘団として休息をとる期間は、長くは続かなかった。ヴォルフ戦闘団は8月3日に廃止され、第211戦車大隊はまずサッラに集められ、それから命令により、メルケヤルヴィ、ハウタヤルヴィを通ってソヴァヤルヴィのフィンランド第6師団戦区に移動する。これは第6師団に命じられた、カイララのソ連軍陣地を南から突破する新しい攻撃計画の一部となっていた。この攻撃の後、軍団はさらにアラクルッティに向けて進撃する。フィンランド第6師団は、同時に新しい部隊も受け取った。部隊は第324歩兵連隊と特別に訓練された湿地大隊、1個工兵中隊と3個対戦車小隊からなっていた。8月初めにはさらに多くのドイツ軍部隊が到着した。そして最終的には第6師団は4個連隊の支援を受けることになった。

　戦車大隊の司令官は、攻撃に先だって戦闘地域の偵察を行ったが、その結果は失望させられるものだった。大隊を一体として使用できる可能性はなかった。わずかに小隊規模の部隊だけが使用でき、ごく限られた道路上だけが行動可能だった。路外で戦車が行動できる場所は非常に限られていた。最初ヴォルフ少佐は攻撃する歩兵連隊にそれぞれ1個小隊の戦車をつけるのがせいぜいだと考えた。大隊の残余は師団司令部のそばで師団予備として留まる。第6師団長のヴィークラ大佐は、ヴォルフ少佐の提案を受け入れた。そして8月5日、2個戦車小隊に前進する連隊に付き添って道路上を進撃するよう命令が発せられた。大隊の残余はモウティカイセンランピに移動した。1個戦車小隊は1週間後にブロイアー戦闘団戦区で戦うため同戦闘団に差し出された。数日後には小隊は第13機関銃大隊を支援することになった。この小隊は1週間後の8月23日に帰還した。こうした細切れの部隊移動は、師団か軍団の命令によるとしても不合理であった。しかしこうした行為は、どれだけ戦車の有効性が信頼され

ソミュアの丸まった車体形状が、この写真からよくわかると思う。車体側面のハッチに注目。これは操縦手の乗降に使用される。

ていたかの証しでもある。

　部隊の移動と展開のためには、新しく補給ルートを作らなければならないため、時間が必要であった。このため攻撃は、やっと8月19日にならなければ開始できなかった。第211戦車大隊の攻勢当初の任務は、師団予備であった。8月21日、第1中隊は第379連隊に派遣され、2日間留まった。それから第1中隊は1個歩兵中隊とともに、フィンランド歩兵連隊左翼の増援に送られた。部隊は道路上を行軍したが、道路は非常にひどい状態で、単なる轍でしかないことが明らかになった。その上最後には沼地の中に消えてしまうのだ。3両の戦車が岩がゴロゴロした地形でスタックするか故障してしまった。戦車の歩兵部隊の支援はこの日1日だけで終わりをつげた。最後の1両の戦車がエンジンルームに命中弾を受けたのである。戦車は射撃はできたが、トランスミッションの故障のため、新しい陣地には移動できなくなったのだ。

　戦車大隊の第2中隊は、8月23日に第54歩兵大隊の第3大隊に派遣された。大隊は荒れ地を通ってソ連軍を迂回し、ヴオリキュラからアラクルッティへの道路を開放した。大隊は戦車大隊から派遣された、グローヘ中尉が指揮する1個中隊の支援を受けた。攻撃は道路に沿って、北方へと指向された。道路上は地雷と障害物で満たされていたがすぐに啓開された。橋は地雷が仕掛けられていたが、健在であった。カンガスランピには8月24日に到着した。そこで連隊命令により攻勢は停止された。

　グローヘ中尉の第2中隊は翌日、エニアン川にかかる橋の向こう側で対峙している敵を、荒れ地を通って迂回するよう命じられた。ソ連軍は防衛線を川に沿って敷いており、現在は橋を固めていた。フィンランド軍、ドイツ軍工兵部隊は、すぐに森の中を通って5キロの戦車道を作り上げ、ソ連軍陣地の左側に橋を架設した。ドイツ軍戦車は、フィンランド軍第54歩兵連隊の1個小隊とともに、この小道を利用してソ連軍を攻撃した。12両の戦車のうちわずか3両だけがなんとか小道を通過することができ、残りはすべてスタックしてしまった。この地域はすでに偵察されていたはずで、それによれば何の問題もないはずであった。幸いにしてソ連軍は手元に対戦車火器を全く持っていなかったので、3両の戦車だけでソ連兵を陣地から追い出すには十分だった。それから戦車は陣地を蹂躙し、歩兵を助けて道路を開放した。いまやソ連軍部隊はアラクルッティに向かって退却を始めた。荒れ地でスタックした戦車は、夜のうちに回収され、すぐに戦

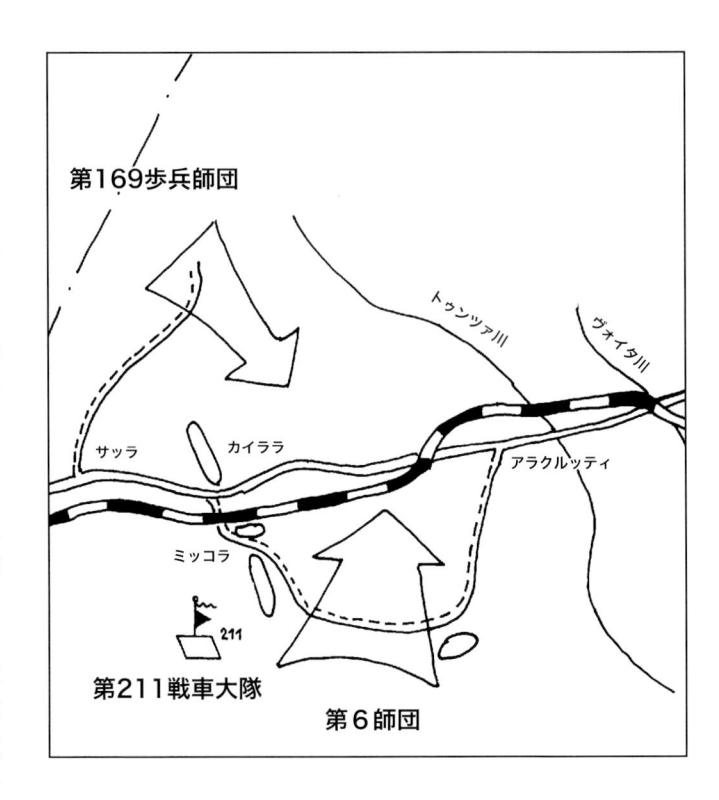

闘に復帰した。その後1両の戦車が、マキアンクーンヴァーラでソ連軍の対戦車砲によって破壊された。その他の車両も命中弾を受けたが被害はなかった。翌日には別の戦車が対戦車砲弾を受けて破壊され炎上した。この戦車の戦車長は戦死した。

　第6師団の部隊は1週間前に、カイララ～アラクルッティ道を切断していた。しかしアラクルッティおよびトゥンツァ川への最終攻撃は、8月30日まで待たなければならなかった。第211大隊第2中隊は今や、ヴオリキュラにつながる脇道から街道に進出していた。そこで中隊は村を東から攻撃するため、SS第9歩兵連隊第2大隊に隷属された。ソ連軍はいまやアラクルッティに向けて退却しつつあった。戦車は歩兵の支援を受けて、敵の塹壕とトーチカを破壊した。常に1個小隊の戦車だけが先頭に立ったが、これは道路事情のせいでそれ以上の戦車が展開できなかったからである。そのころには大隊が装備していたうちのすべてのソミュア戦車は、破壊されるか故障で脱落していた。これは無線を装備した戦車はすべて後方にあったことを意味する。このため前線の戦車は、命令はすべて伝令によってしか得ることができなかった。残存戦車の1両が対戦車砲で破壊されたが、中隊は道路に沿って

94

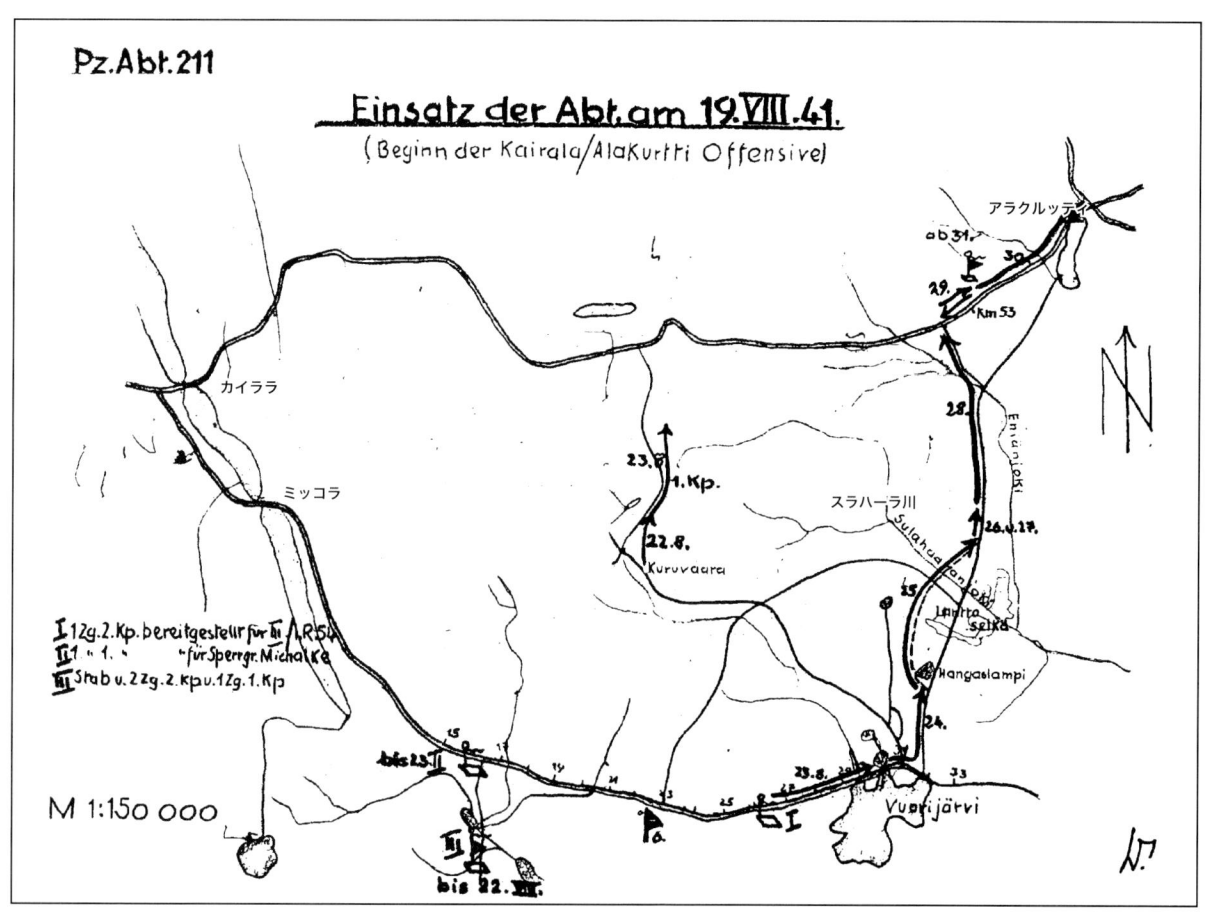

戦時日誌地図には、第211戦車大隊の南からのカイララ～アラクリッティ道に沿った攻撃行動が示されている。大隊の位置がそれぞれの日付で、菱形の戦術記号で描きこまれていおり、日付によって進撃の様子がよくわかる。大隊の車両は、フィンランド軍歩兵を支援するため、小部隊に分割された。最も重要な戦いは、スラハーラ川岸でソ連軍の抵抗を打ち破った戦いで、地図の右側にその場所を見つけることができる。

前進を続けた。他の多くの車体も命中弾を浴びたが、破壊されることはなかった。部隊は8月30日にトンツァ川の橋に到達した。攻撃はいまや第169師団の部隊に率いられ、部隊は9月2日に次の川、ヴォイタ川に到達した。

この時期の戦闘で、第211大隊は、戦闘に投入した戦車24両のうち9両を失ったが、このうち7両は対戦車砲で破壊されたものである。アラクルッティで乗員が調べたところ、大隊の戦車には30発の対戦車砲弾、37発の対戦車ライフルの弾痕があったという。しかし最もやっかいな損害は、味方のシュトゥーカ急降下爆撃機が誤って戦車を攻撃したことによるものだった。これはSS隊員が注意深く前線の位置を指示することを怠ったことが原因だった。シュトゥーカの攻撃は2両の戦車の砲塔の機能に支障をおよぼし、視察機材に損害を与えた。

比較的に大きな装備に関する損害に比べて、大隊の被った人的被害は少なく、わずか1名が戦死しただけだった。そして士官1名と下士官2名、その他兵員2名が負傷した。

1941年9月6日、XXXVI軍団はヴォイタ川の防衛線の突破を試みたが、このとき展開した兵力の多くはドイツ軍部隊であった。第211戦車大隊は、フィッシャー戦闘団（第324歩兵連隊を増強したもの）に配属された。戦闘団は街道に沿ってヴォイタ川の方向に東に攻撃する。戦車大隊は、敵の前線を突破した後、敵の追撃に使われる予定であった。前線突破は、部隊が森を通って北に迂回し、敵の背後でカンタラハティに至る街道を切断した後になって、やっと可能となった。9月13日に道路が開放され、やっと東西から前進したドイツ軍部隊は握手することができた。再びソ連軍は撤退し、次の防衛線をヴェルマン川に敷いた。

写真にはおそらく第211戦車大隊第1小隊の戦車兵全員が写っていると思われる。フランス製戦車は二人乗りであり、小隊には5両が所属していたからで、ここに写っている10人の黒い戦車兵の制服を着た人数と一致するからだ。写真の右側の5人は下士官で戦車長で、一番右の年かさの人物が小隊長ではないか。左側の兵員はたぶん操縦手であろう。一番左のオートバイ兵は伝令である。

ドイツ軍はここに9月19日に到達したが、軍団は部隊に防衛態勢を取らせた。攻撃で戦車の果たした役割は限られていた。大隊は9月19日に、機材の整備のためアラクルッティに移動する命令を受けた。しかし2個戦車小隊は、そのまま第169師団のもとに残された。

アラクルッティに戻ると大隊は、彼らの宿舎として与えられた村の建物の状態が、極めて貧弱であることに気づいた。大隊長のヴォルフ少佐は、地区司令官を命じられた。彼の任務は補給ルートの安全を確保し、宿舎に配慮し、交通統制などなどが含まれていた。大隊自身は、軍団から命令されたいかなる作戦にも参加することが求められていた。

大隊はすぐに来るべき冬に対する備えを始めた。11月には主要街道の南に3カ所の野戦警備所を作ることが命じられた。その目的は、ドイツ軍の戦線後方で活動するソ連軍パトロールに対抗して、後方地域の安全を確保するためであった。ヴォルフ少佐はアラクルッティ近くの野戦警備所の責任者となり、街道警備部隊を編成した。

1941年11月、第211戦車大隊は、12両の戦車を配備から外し、修理小隊とともにオウルに送った。1名の士官と38名の下士官およびその他の兵員が、つきそってオウルに向かった。前線からオウルにこのような輸送が行われた理由は、公式文書からうかがい知ることはできない。ただオウルは港町であり、修理設備や修理パーツ等、良好な手配が可能であることは、容易に推察できるであろう。大隊の車両は冬季間に修理が行われ、1942年2月には75％が完了した。人員に関しては不足はなかった。

冬季間にも人員の訓練は続けられた。1942年2月27日、6両の戦車が湿地大隊と共同行動した。

◆第211戦車大隊の防衛戦闘

　第211戦車大隊は、1942年の冬のほとんどを車両の修理と宿舎の修理に費やした。アラクルッティ村は、実際は貧弱な建物がいくつかあるだけだったからだ。第211戦車大隊は、そこで適当な宿舎を見つけることはできなかった。村には戦車大隊に加えて、その他の部隊や補給機関等、村に所在するのが適当な部隊が宿舎を定めていた。さらにアラクルッティに隣接する飛行場は、後にドイツ空軍によって使用されるようになったのだ。大隊がアラクルッティに留まった期間は非常に長く、2年半以上にもなった。この間に部隊は、自らの宿舎を村の南東からトゥンツァ川の西にかけて建設した。

　1942年1月の終わりには、大隊では4両のソミュア戦車と15両のホチキス戦車が使用可能であった。この数は理論上の戦力の半分を若干上回っていた。その他の自走車両についてはもう少し良く、60％が稼働していた。大隊は、Sd.kfz.9 18tハーフトラックとトレイラーを含む、多数の自走車両を要求していた。しかしこの要求は、けっしてかなえられなかった。戦車を稼働状態に保つことは非常に難しかった。というのもドイツ軍はフランス製車両の補給デポをジアン（訳者註：パリの南約150kmにある）に置いており、スペアパーツはおおむねそこにあったからだ。補給は通常、戦車大隊が発注してから6カ月後に届いた。

　当初はホチキス(オチキス)戦車にのみ、修理の努力が傾けられた。というのもこの戦車は冬季戦により向いていると考えられたからである。3月終わりにはほとんどすべてのホチキス戦車が修理されたが、稼働するソミュア戦車は半分にも満たなかった。3月には大隊は、その保有車両のおよそ75％の戦力を持っていた。人員については不足はなかった。

　大隊はいくつかの演習にも参加した。2月27日、6両の戦車が加わり、第211戦車大隊と湿地大隊の人員の共同行動の訓練が行われた。この演習中、戦車はほとんどの場合道路上を行動した。5月には7両の戦車が、防衛線強化のための限定的な攻撃に加わった。8月終わりには、ヴォルフ少佐が指揮する1個戦車中隊が、アラクルッティ近郊で行われた演習に参加した。

アラクリッティの風景の中の第211戦車大隊のホチキス戦車。

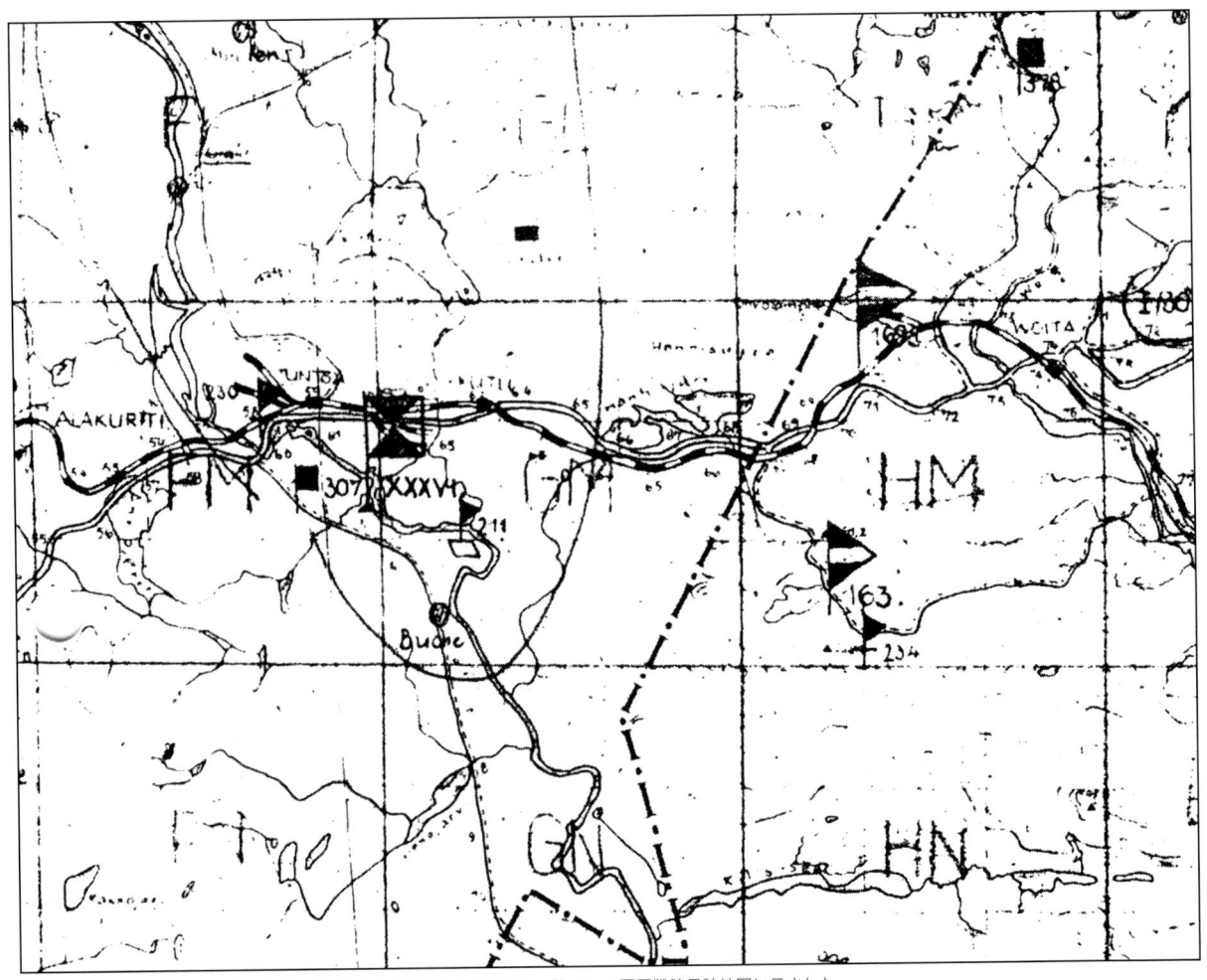

第211戦車大隊は、1941年秋から1944年秋までの陣地戦の全期間を、第XXXVI軍団戦時日誌地図に示されたアラクルッティ地域で過ごした。大隊駐屯地は菱形に旗の立った記号で示されており、トゥンツァ川とヴォイタ川が合流する屈曲部の河岸で、主要街道とロウヒに通じる鉄道線路の南側にあった。大隊駐屯地のすぐそばには軍団本部を示す旗あり、その他周囲には多数の部隊が所在していることが、地図上の三角形の記号でわかる。

　第211戦車大隊は、1942年と1943年を比較的平穏なうちに過ごした。戦車は修理され、人員には訓練が施された。大隊をカレリアの荒地の中で効率的に運用するため、できるだけの努力が図られた。カレリアではその悪条件から、普通の生活を送るだけでも、いろいろな物資や資源が費消しつくされる。しかし残念ながら、この時期の大隊の日常生活について、うかがい知ることのできる文書は存在しない。わずかにわかるのは、人員と車両の状況の変化だけしかない。可能な時期にはいくつか演習も行われている。例えば1943年7月終わりには、戦車大隊はXXXVI軍団の歩兵部隊と共同演習を行っている。フィンランド軍の連絡将校が一人演習を観戦したが、戦車の使い方は非常に臆病で、全体として演習のレベルは低かったとされる。

1943年5月時点で第211戦車大隊には、以下の部隊が含まれていた。

本部
　士官　　　　　5名
　軍属　　　　　2名
　下士官　　　　8名
　兵員　　　　15名

本部中隊
　士官　　　　　3名
　下士官　　　20名
　兵員　　　100名

ソミュア　　　　7両
　　ホチキス　　　　2両

第1戦車中隊
　　士官　　　　　　3名
　　下士官　　　　 24名
　　兵員　　　　　 81名

　　ソミュア　　　　5両
　　ホチキス　　　 12両

第2戦車中隊
　　士官　　　　　　2名
　　下士官　　　　 28名
　　兵員　　　　　 73名

　　ソミュア　　　　4両
　　ホチキス　　　 12両

修理小隊
　　士官　　　　　　1名
　　軍属　　　　　　2名
　　下士官　　　　 15名
　　兵員　　　　　 56名

　大隊の総兵力は438名である。内訳は士官14名、軍属4名、下士官95名、兵員325名であった。人数には、負傷者、病人、休暇やその他の理由で部隊を離れている人員も含まれている。

　1942年5月、大隊の編成が変更されたが、その結果人員は207名不足することになった。これは新しい部隊が戦力に加えられたことによる。本部中隊と修理小隊は、以前は本部の一部であったが、別個の部隊として扱われるようになったのである。6月に大隊はいくらか交替要員を得たが、これによって兵力は、編成表の数に近づいた。しかしまだ142名が～このうちの半分は補充が約束されていたが、不足していた。不足

アラクルッティにおける第211戦車大隊のソミュア。周辺の地形は戦車の行動にふさわしいものではなかった。

第XXXVI軍団の将校団がアラクルッティでの演習の様子を見学しているところ。黒の制服を着ているのが、第211戦車大隊長のヴォルフ少佐。

大隊所属車両。

第211戦車大隊は、戦争中ほとんどの期間をアラクルッティに留まり、戦車の補給と修理に明け暮れた。上下写真は1942〜1943年または1943〜1944年冬の第211戦車大隊の駐屯地を撮影したもの。素朴な木造の小屋に兵隊達は暮らして戦車の補修を行った。

第アラクルッティで撮影された、211戦車大隊第1中隊の車両。大隊は自動車化されていたはずだが、伝統的な橇が使われているのが見られる。

冬季の第211戦車大隊の駐屯地。部隊の宿舎と戦車修理施設は木造小屋だった。牧歌的な風景ではあるが、戦車大隊に適当とは言えなかった。

冬季用白色迷彩が施されたソミュア。エンジン室上にスキーが搭載されているのに注目されたい。

103

前ページと同じソミュアと２両のホチキス戦車。第211戦車大隊第１中隊の車両。アラクルッティで撮影されたもの。

Geheim

Meldung vom 1. November 1943　　**Verband:** Panzer-Abteilung 211
　　　　　　　　　　　　　　　　　　　z.Zt. Gen.Kdo. XXXVI. (Geb.) A.K.
　　　　　　　　　　　　　　　Unterstellungsverhältnis: unterstellt

　　　　　　　　　　　　　　　　　　　　　　　　　Nr. 421/43 g.
1. Personelle Lage am Stichtag der Meldung: XXXVI. Geb. A.K. Abt.Ia 1524/43 gk.

a) Personal:

	Soll	Fehl
Offiziere	16	2
Uffz.	140	30
Mannsch.	307	2
Hiwi	37	37
Insgesamt	500	71

c) in der Berichtszeit eingetroffener Ersatz:

	Ersatz	Genesene
Offiziere	—	—
Uffz. und Mannsch.	2	5

b) Verluste und sonstige Abgänge in der Berichtszeit vom 1.10. bis 31.10.

	tot	verw.	verm.	krank	sonst.
Offiziere	—	—	—	—	—
Uffz. und Mannsch.	1	—	—	3	1
Insgesamt	1	—	—	3	1

d) über 1 Jahr nicht beurlaubt:

insgesamt	Köpfe	% d. Iststärke
9-12 Mon. davon:	12–18 Monate	19–24 Monate	über 24 Monate
1/23	—	—	—
	Platzkarten im Berichtsmonat zugewiesen:	13

2. Materielle Lage:

		Gepanzerte Fahrzeuge							Kraftfahrzeuge			
		Stu.Gesch.	38 III Hotch.R.	35 IV 5cm	Gep. Kr.Kw.	VI	Schtz.Pz. Pz.Sp. Art.Pz. (a.Pz.F.u.Wg.)	Pak SF	Kräder			Pkw
									Ketten	m.angetr. Bwg.	sonst.	gel.	O
Soll (Zahlen)		—	29	13	1	—	—	—	—	—	48	25	6
einsatzbereit	zahlenm.	—	29	14	—	—	—	—	—	—	43	8	22
	in % des Solls	—	100%	107%	—	—	—	—	—	—	89%	32%	366%
in kurzfristiger Instandsetzung (bis 3 Wochen)	zahlenm.	—	2	1	1	—	—	—	—	—	1	—	—
	in % des Solls	—	7%	7%	100%	—	—	—	—	—	2%	—	—

		noch Kraftfahrzeuge						Waffen				
		Lkw				Ketten-Fahrzeuge		Kw.K. +Pak	Kw.K. Gesch.	MG.	sonstige Waffen
		Maultiere	gel.	O	Tonnage	Zgkw. *)	Zgkw. **)	RSO	3.7 (l)	4.7 (l)	34 (42)	
Soll (Zahlen)		—	47	15	146 t	4	5	—	29	13	17	42	—
einsatzbereit	zahlenm.	—	8	35	103 t	1	3	—	29	13	10	42	—
	in % des Solls	—	18%	203%	70%	25%	60%	—	100%	100%	100%	100%	—
in kurzfristiger Instandsetzung (bis 3 Wochen)	zahlenm.	—	—	1	3,5 t	—	1	—	—	—	—	—	—
	in % des Solls	—	—	7%	2%	—	20%	—	—	—	—	—	—

*) Zgkw. mit 1–5 t, **) Zgkw. mit 8–18 t
( ) davon MG. 42

3. Pferdefehlstellen:

1943年11月1日付け第211戦車大隊の第XXXVI軍団向け月例報告書。このページが最初の半分で106ページ上がその続きである。ここには大隊長と軍団長による、戦車大隊の活用状況に関する見解が書かれている。どちらも大隊にもっと高性能な車両を求めている。

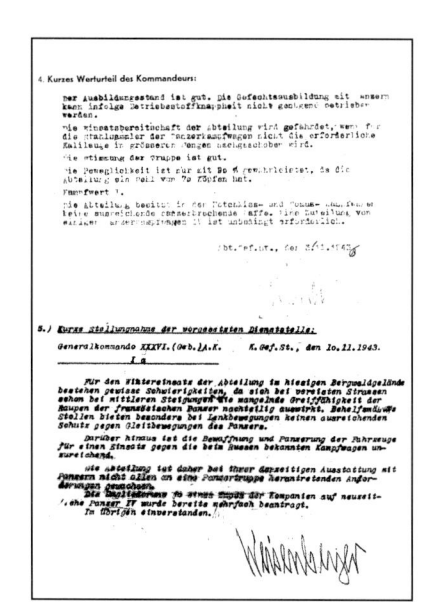

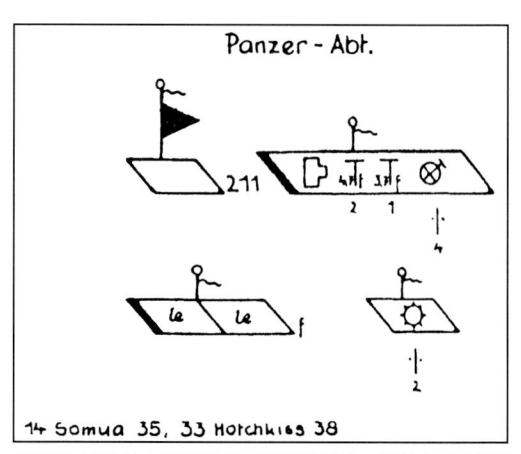

1943年4月1日の第211戦車大隊の新編成表。大隊には2個戦車中隊に加えて、上段に示されたように本部中隊が付属していた。本部中隊には通信小隊とオートバイ偵察小隊、2両のソミュアと1両のホチキスが配備されていた。その他の戦車は下段左の戦車中隊に配備されていた。下段右の記号でわかるように、修理小隊は別に配属されている。

はとくに士官に目立ち、6名が欠けていた。8月、大隊は多数の補充を受け、不足は下士官60名のみとなった。しかし不足は秋も長く残った。熟練した保守整備要員も、同じく不足していた。

大隊の保有戦車は、ソミュア16両、ホチキス26両で、すべて稼働した。大隊は他に予備としてホチキス8両も保有していた。このうち2両が稼働状態にあった。

第211戦車大隊の人員は、しばしば警戒任務に駆り出されたが、場合によっては歩兵としても使用された。本部の偵察小隊は、とくに年中歩兵として勤務させられた。何両かの戦車も、軍団地域の多数の駐屯地の警備任務に使用された。

1943年の夏と秋、大隊の経験ある人員のいくらかを、東部戦線の他の部隊のため補充として差し出した。これによって不足は501名の全兵員の14％にまで上った。この不足はすぐにドイツ本国からの補充で埋められたが、補充人員は練度が低かった。

大隊では士官と下士官も不足していた。大隊長のヴォルフ少佐は1943年春大隊を離れ、交替にシュティッケル少佐が着任した。このとき大隊自身と全軍団の双方が、大隊の車両の質について、特別な注意を喚起している。フランス製戦車はあまりに旧式で、ソ連戦車にたいしては無価値と考えられたからである。このためより近代的な、Ⅳ号戦車やⅢ号突撃砲のような7.5cm砲を装備した戦車との交替が要請された。大隊はまた燃料の不足についても報告していたが、これは1943年秋以降戦車乗員の訓練に影響を及ぼした。

1944年春、大隊の第1中隊は、前線のすぐ後方での警戒任務についた。偵察小隊は相変わらず歩兵として使用された。4月に、主砲に短砲身の7.5cm砲を装備したⅢ号戦車N型3両が、大隊に配属された。大隊はすぐにこの車両にたいする乗員の訓練を開始した。5月に状況はさらに改善され、大隊は3両の追加の同種の戦車を受領した。

1944年6月、シュティッケル少佐に代わって、デトヴァイター大尉が大隊長に就任した。8月、大隊は2名の経験ある中隊長、1名は大尉、1名は中尉を他の部隊に引き渡さなければならなかった。同じ部隊から交替で、2名のあまり経験のない下級士官が配属された。大隊はさらに4名の新任士官を受領したが、4名ともさらに士官としての経験に乏しかった。彼らはすべて、以前、前線でより下位の階級で勤務しており、そこで経験を積んでいた。デトヴァイター大尉は、彼の部下の士官だけでなく、大隊自体もほとんど3年間に渡って戦闘を経験していないことを憂慮していた。隊員の訓練のためにデトヴァイターは、1個戦車中隊による1週間に渡る訓練を執り行った。

6月初め、ソ連軍はカレリア地峡で、そしてその後東カレリアでも攻勢を開始した。この攻勢は1944年8月までは、第211戦車大隊には何の影響も及ぼさなかった。その後フィンランドの政治状況が変化し、その結果全ドイツ軍がフィンランド北部に移動することになる。ドイツ軍は何カ月にも渡って、撤退の準備を行っていた。そして今やフィンランドとソ連の休戦が差し迫り、ドイツ軍部隊と装備の脱出計画が実行に移された。

◆フィンランド軍と戦う第211戦車大隊

　ドイツのラップランド軍は、幸いにも1941年から1944年夏まで、平穏な日々を送ることができた。しかしエストニアと南フィンランドの前線が西に圧迫されるようになると、事態は急速に変化していった。当時ドイツのラップランド軍の兵力は20万人を越えていた。軍はすでに1943年秋には、ノルウェーへの部隊の撤退と資材の回送の計画作りに着手していた。1944年初めには計画は実行に移され、部隊はフィンランド北部での道路と橋の建設を始めた。街道に沿っていくつかの防衛陣地線も建設された。計画によればドイツ軍はさらに北へ撤退する予定だったが、ペツァモの重要なニッケル鉱山はドイツが保持し続けるつもりだった。

　1944年6月9日、ソ連軍はカレリア地峡のフィンランド軍部隊にたいする大攻勢を開始し、すぐにヴィープリを含むほぼ全地峡を占領した。ラドガ湖北のアンヌス地峡では、6月20日にソ連軍の攻勢が開始され、フィンランド軍は撤退を強いられた。8月終わり、フィンランドには新しい大統領と政府が成立した。マンネルヘイム元帥が新しい大統領となり、政治、軍事両面の指導者となったのだ。新政府はすぐにソ連と接触し、数日後には両国間の休戦交渉がなんとかまとめられた。1944年9月2日、フィンランド国会は休戦を承認した。休戦条件は苛酷であった。要求の中には、ドイツとのすべての関係を途絶し、2週間後にフィンランド領内に駐屯する全ドイツ軍部隊を抑留すべきことが求められていた。

　ラップランド軍の部隊は、9月3日早朝、警報を受け、撤退のためのビアケ作戦の発動を命じられた。9月中ドイツ師団群は1941年以来占拠していた古い防衛陣地から撤退した。同時にフィンランド軍部隊の北上が始まり、ドイツ軍が放棄したフィンランド領土を占領した。前進は9月終わりまでドイツ軍と協力して行われたが、、ソ連がフィンランド軍が撤退するドイツ軍を攻撃するよう要求したため、両軍の戦闘となった。

　アラクルッティ近郊に展開していたXXXVI軍団は、9月11日に撤退を開始した。しかしソ連軍は3日早くドイツ軍の北からの迂回行動を成功させ、カイララへの街道を閉鎖していた。

　第211戦車大隊は第1中隊の2個小隊をソ連軍に対処させた。大隊の主要部分は数日前の9月5日に、すでにオウルとオウルンヤルヴィ間で行動する西戦闘団に配備されていた。戦車部隊は攻撃の間、鉄道輸送によってケミヤルヴィとロヴァニエミの間に輸送された。西戦闘団のその他の機械化部隊は、ドイツ、フィンランド軍にたいするソ連軍の想定しうる攻撃に備えて、ドイツ軍の南翼となって移動した。第211大隊の本部と第2中隊だけが、アラクルッティからオウルに向かって移動した。第1中隊（訳者註：第2中隊の誤り？）は9月10日以来戦闘に参加していた。ソ連軍は攻撃にT-34戦車を使用した。旧式なフランス製戦車など、全く彼らの敵ではなかった。ドイツ軍は、9月10日に3両のソミュア戦車と8両のホチキス戦車を失った。これは中隊のほとんど全戦力が失われたことを意味した。戦闘はトゥンツァ川とカルヤの近くで生起した。このとき戦車を損失したのはドイツ軍だけではなかった。ドイツ軍の記録によれば、ソ連軍も7両のT-34を失った。おそらくこれらは戦車によって撃破されたものではなく、この戦闘によって6門が失われた対戦車砲によるものだろう。

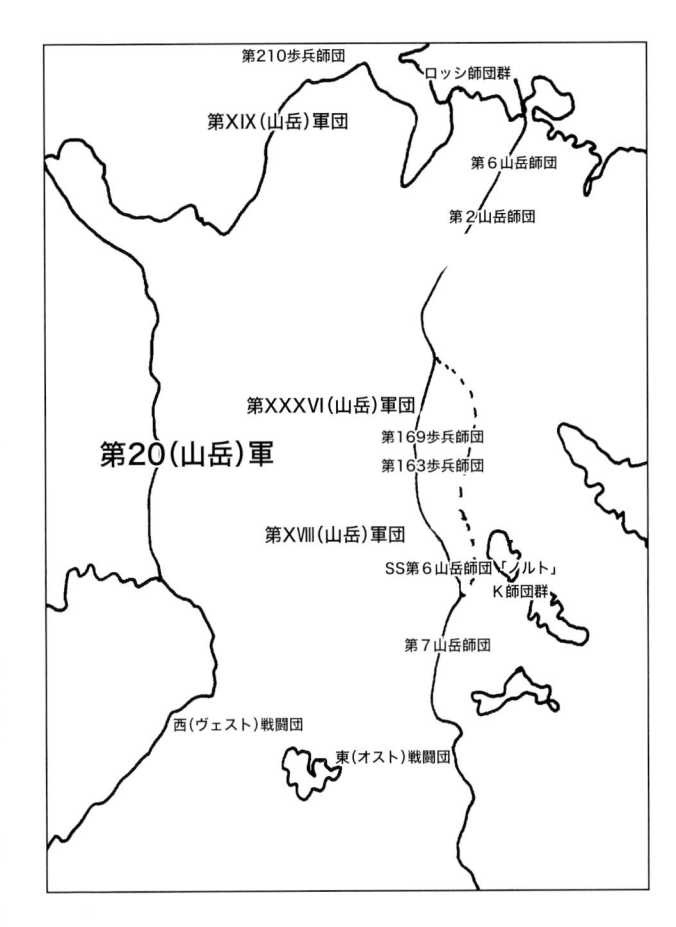

どこかフィンランド国内を鉄道輸送される第211戦車大隊のソミュア。時期および場所は不明。

　大隊の主要部分は、9月10日鉄道輸送でオウル地域に到着し、すぐに西戦闘団に配属された。大隊の本部と指揮所は、オウルの大規模な補給デポに配置された。6両の戦車はプダス湖への前進を続け、3両はイイ川で警戒任務についた。大隊の一部はまだ輸送中で、一方第1中隊第3小隊は、まだアラクルッティ近くで、第XXXVI軍団に配属されたままだった。鉄道輸送された最後の10両の戦車は、9月11日にオウルに到着した。

　9月の残りの間、第211戦車大隊は西戦闘団の一員として、各地で警戒任務についた。一部はボスニア湾岸を走る道路と鉄道に沿ってばらまかれた。9月15日、大隊は指揮所と主要部分をイイに置いたが、一群の戦車はハウキプダスにあり、残りはハウキプダスとオウルの間にあった。3日後、指揮所はクイヴァニエミの北に移動した。

　9月18日、ラップランド軍最高司令部は、西戦闘団にXVIII軍団部隊のウフトゥアとキエスティンキからの撤退の安全を図るよう命じた。部隊はキーミンキ川にかかる橋の警備についた。なおこの橋は後に爆破される。第211戦車団体と1個歩兵大隊、いくつかの対戦車、対空部隊はいっしょになり、戦闘団を形成した。この部隊はオウルで出動準備態勢を維持し、道路を啓開するためプダス湖かムホスのどちらの方向にも出動するよう命令を受けた。この後10日間、フィンランド軍とドイツ軍の間には一切戦闘は生起しなかったから、部隊には出動の機会は無かった。

　9月21日、ラップランド軍の南翼を守る任務が、キエスティンキから後退したばかりの、クロイトラー師団群に与えられた。第211戦車大隊は、9月28日までクロイトラー師団群に所属し、その後ラップランド軍の予備となる命令を受けて、ロバニエミに移動した。大隊はラヌア～ロバニエミ道に沿ってロバニエミに向かって行軍し、10月1日にはウリマーの北に達した。

　大隊がロバニエミに行軍するのと時を同じくして、フィンランドとドイツの関係は悪化していった。ソ連はフィンランドにたいしてドイツ軍と本気で交戦するよう圧力をかけ、最終的にそれは戦争となった。この

後数日間、小さな衝突が続き、何名かのドイツ兵が捕虜となり、さらに戦死するものも出た。しかし最も危機的な瞬間は、10月1日早朝、フィンランド軍部隊がトルニオに上陸したときであった。同時にフィンランドの市民防衛隊が、市内の重要な施設を占領した。フィンランド軍の兵力はまるまる1個連隊あった。これは先鋒として1個歩兵小隊、1個工兵小隊と軽対空砲数門を、トルニオの状況確認のために派遣したクロイトラー師団群を驚かした。

ドイツ軍はすぐに、トルニオで彼らが直面している敵がどれぐらい大きな規模なのかに気づき増援部隊を送った。第211戦車大隊は上陸の間は予備部隊であり、ちょうどロバニエミの南に到着したところだった。大隊は一服するひまもなく、10月1日10時35分にはすぐにロバニエミに向かって行軍するよう命じられた。そしてそこからは鉄道でケミへと向かう。大隊はその後クロイトラー師団群に配属され、鉄道に積載された。輸送は他の輸送物資を押しのけて最優先の扱いとされた。最初の輸送列車は、同じ日の22時にはすでにロバニエミを出発した。そして2番目の列車は、数時間後に発車した。大隊はまだ、アラクルッティ付近で大半の車両を消失し、退却する第XXXVI軍団に含まれている第1中隊を欠いていた。

輸送された大隊は、10月2日早朝に、ケミの北東のラウリラで荷下ろしされた。すべての荷物がラウリラに到着したのは、9時であった。クロイトラー師団群は、トルニオの橋を再占領するよう命令を受けており、今や作戦遂行のための任務部隊、トルニオ戦闘団を編成していた。トルニオ戦闘団は、第211戦車大隊、SS第6偵察大隊、第6猟兵大隊の1個中隊と何門かの軽対空砲、1個砲兵中隊から編成されていた。戦闘団はトルニオへと前進し、すぐにトルニオからケミへと前進したフィンランド軍部隊に衝突した。どちらも翌日に攻撃を予定していたが、ドイツ軍の方が先手を取った。

第211戦車大隊の1個中隊とSS第6偵察大隊は、朝ライヴァ湖でフィンランド軍第11歩兵連隊を攻撃した。

攻撃は失敗し、フィンランド側の記録によると、ドイツ軍は攻撃に参加した戦車5両のうち2両を失った。同じ日この後、今度はフィンランド軍が1個歩兵大隊で攻撃に出たが、これも同様に失敗に終わった。17時、ドイツ軍は再び戦車の支援を受けたSS第6偵察大隊と1個歩兵大隊とで攻撃を試みた。この攻撃はフィンランド軍部隊をキュラ川へと押し込んだ。しかしこの攻撃は夜半前に停止された。

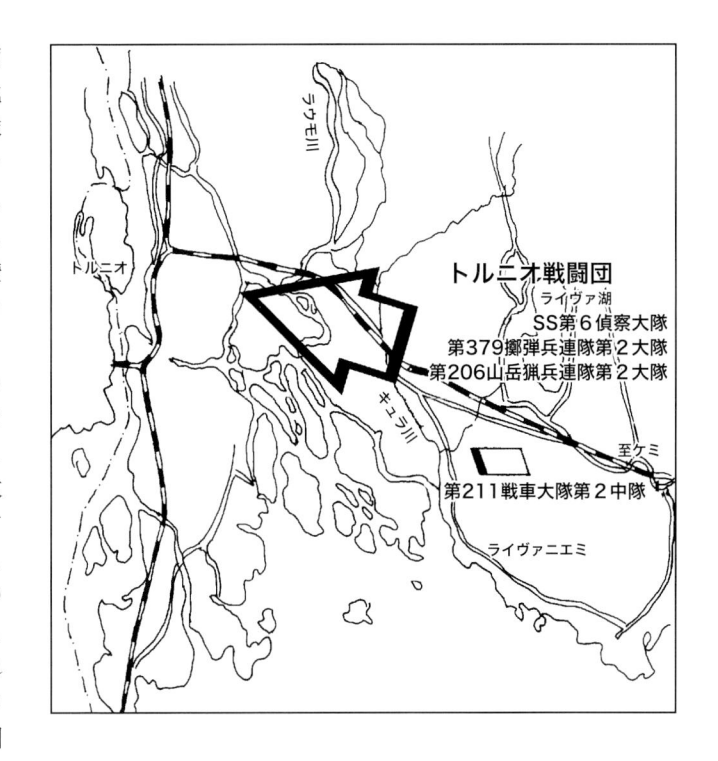

10月3日、フィンランド軍部隊、ドイツ軍部隊双方が増援を受け取った。10月4日15時、トルニオ戦闘団は、2個歩兵大隊、SS第6偵察大隊と支援の戦車部隊で攻撃を開始した。この攻撃でフィンランド軍部隊はラウモ川に向かって圧迫され、その東岸にまで追い詰められたが、ドイツ軍は目標のトルニオ駅には到達できなかった。

10月5日、ドイツ軍は再びケミ～トルニオ道に沿ってトルニオに向かって攻撃を仕掛けた。攻撃は朝開始される予定であったが、川を渡るため必要な機材の到着が遅れたため、午後まで延期された。しかしフィンランド軍部隊を、川の東岸から追い払おうというもくろみは成功しなかった。ドイツ軍は打ち続く戦闘で兵力を消耗しており、攻撃部隊はあまりにも戦力が小さすぎたのだ。もちろん川によって戦車を使用することは不可能だった。ラウモ川にかかる橋は、すでに10月4日に爆破されていたのである。

10月6日はトルニオ最大の危機の一日となった。ドイツ軍は鉄道駅とその周辺を占領するため、最後の攻撃を仕掛けたのである。トルニオ戦闘団は再び川を渡ろうとした。そしてついに、すでに橋が爆破されていた街道の南で、ラウモ川を渡ることに成功した。し

1944年10月3～6日にケミ～トルニオ道で、トルニオ戦闘団によって繰り返された攻撃のひとつで、フィンランド軍によって撃破された第211戦車大隊の車両。写真では2両のソミュアが放棄されているが、フィンランド軍の仕掛けた地雷で破壊されたもの。左側の「JÄTTEILLE」は、フィンランド語でゴミ捨て場の意味で、皮肉を込めたジョークだ。

かしラップランド軍最高司令部は、攻撃を中止することにした。そしてクロイトラー師団群に、ドイツ軍主要部隊の撤退にに加わって、トルニオを通って北に撤退するよう命じた。夕闇が降りるとドイツ軍は西岸に戻った。そしてトルニオ戦闘団はケミの西のカーカモヨキに移動した。

トルニオの戦いは、第211戦車大隊の最後の戦いとなった。大隊は最初クロイトラー師団群に配備され、10月10日には第XVIII軍団に配属された。大隊はいまやノルウェーへの行軍を開始していた。ケミからケミ川に沿って北に向かい、10月10日にはロバニエミとペッロの半分にあたるラーヌ湖に達した。ここから道は北に向かってトルニオ川に沿って続く。ここで部隊はエッシュ戦闘団に加えられた。この戦闘団は、最初4個、後に5個の歩兵大隊と2個の砲兵部隊から編成されていた。何両かの戦車は時折前進するフィンランド軍部隊との戦闘に駆り出されたようだが、残念ながら詳細は不明である。

エッシュ戦闘団は10月26日に解隊され、任務は当時ムオニオ近郊にいたSS山岳師団「ノルト」に引き継がれた。第211戦車大隊は、おそらく戦闘団が解隊される前に北方へ後退し、10月28日にはノルウェーのラッレに到着していた。行軍は極めて困難で、戦車はひどく損耗したが、何両かの戦車が脱落した一方で、フィンランドから逃げ延びることができた車両もあった。

第211戦車大隊第1中隊は、9～10月の間、アラクルッティ地域から後退する第XXXVI軍団に配属されていた。残念ながらその行動については詳細はわからない。しかしどちらにせよ中隊のほとんどの戦車は、コルヤとカイララの戦闘で失われてしまった。中隊は10月25日にエッシュ戦闘団の戦力として記載されている。しかし3日後には第211戦車大隊に戻されて姿を消している。

ノルウェーでの大隊の目的地は、フォッスバーケンとルントの周辺であった。ここですべてのその他小戦車部隊が、第211戦車大隊に配属されることになった。大隊はリンゲンフィヨルドに沿ったドイツ軍防衛陣地

前ページと同じトルニオ道で撃破された2両のソミュア。両車ともに履帯が破壊されており、これはフィンランド軍の地雷を踏んだことを示すものだろう。

を守ることが考えられていた。10月終わりに、大隊はナルヴィクを想定される連合軍の上陸に備えてナルヴィク市を守るためのナルヴィク投入予備となった。

ノルウェーで第211戦車大隊は、再び態勢を立て直すことができた。ラップランド軍によれば、1944年11月1日には、第211戦車大隊は、以下の部隊と戦車から成っていた。

本部

本部中隊
 ソミュア   3両
 ホチキス   5両

第1戦車中隊
 ソミュア   6両
 ホチキス   10両
 Ⅲ号戦車   3両

第2戦車中隊
 ソミュア   6両
 ホチキス   10両

 Ⅲ号戦車   3両

修理小隊

大隊の全戦力は、ソミュア16両、ホチキス28両、Ⅲ号戦車6両であった。これらの数にはノルウェーで受け取った増援が含まれており、ソ連軍とフィンランド軍部隊との戦闘で失われた数は示されていない。編成表の戦力指標にたいして、実際に大隊が保有していた戦車数は多くともホチキス8両に過ぎなかったと考えられる。前記の数を1944年9月1日の保有数（ソミュア16両、ホチキス28両、Ⅲ号戦車6両）と比べると、全く損害が無かったことになってしまう。無論これは本当ではない。資料によれば、9〜10月の戦闘で、10両以上の戦車が破壊され、遺棄されたのである。

1944年11月、大隊は自身の保有戦力を報告しているが、これは前述のものと一致しない。大隊の製作した報告書によれば、大隊はソミュア6両、ホチキス10両、Ⅲ号戦車5両、Ⅰ号戦車B型5両、7.5cm装軌式自走砲架2両（訳者註：この車両が何かについては後述）、装甲救急車1両（訳者註：Sdkfz.251ベース

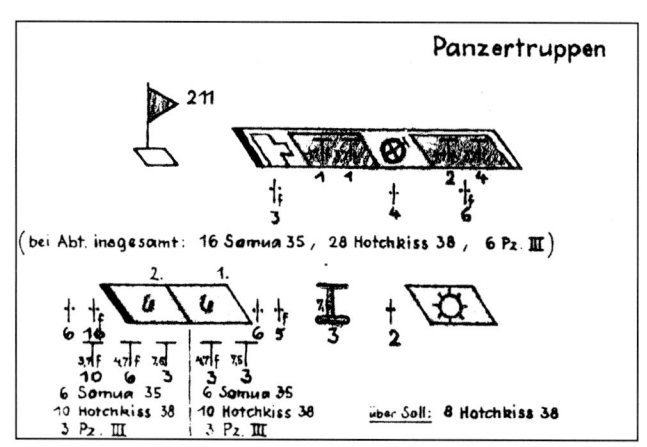

1944年11月1日付けの第211戦車大隊の編成表。上段には大隊本部と本部中隊が示されている。本部中隊には、通信小隊、オートバイ偵察小隊、2個戦車小隊が所属していたことがわかる。下段は左側の菱形が2個軽戦車中隊を意味し、各中隊には6両のソミュアと10両のホチキス、3両のIII号戦車が配属されていたことがわかる。興味深いのが下段中央の戦術記号で、これは3両の装軌車両搭載の75mm対戦車砲を意味する。これはたぶんマーダーIII対戦車自走砲ではないだろうか。一番右の戦術記号は修理小隊である。数字上、第211戦車大隊は強力な戦力に思えるが、実際にはこれらのうちで戦闘能力を持つといえそうなのは、3両の対戦車自走砲と6両のIII号戦車だけであった。

かひょっとするとI号戦車ベースのものか)であった。軍と大隊の記録の相違の説明をつけることは非常に難しい。しかし大隊長が不正確な数の戦力報告書にサインをするとは考えられない。

本書に使用することができた資料によっては、1944年の大隊の損失については完全に明らかにすることはできなかった。しかし第1中隊は資料によればアラクルッティ近郊で、3両のソミュアと8両のホチキスを失っている。トルニオでは、フィンランド軍部隊の主張では、10月3日に2両から5両の戦車を撃破しており、4日間の全戦闘を通しては12両の戦車を破壊している。フィンランド側の主張は大きく、これは中隊まるまる1個の戦車が失われたことを意味する。戦闘後の写真では、少なくとも3両のソミュアと1両のホチキスが撃破されて遺棄されている。これらよく知られている写真が示すように、実際の撃破数はもっと多かったのではないだろうか。8月終わりと11月終わりの報告書では、戦車保有数に差がある。この差を数えると、ソミュア10両、ホチキス18両、III号戦車5両となる。しかし残念ながら、これはソ連軍との戦闘によるものかあるいはフィンランド軍によるものか、またその両者なのかはっきりしない。それ

におそらく何両かの戦車は機械トラブルで失われたことだろう。

人員の損失については、もっと評価することが難しい。1944年8月終わりの状況と11月の損失がわかっているだけなのである。11月に第211戦車大隊は3名の下士官が戦死し、7名のその他兵員が病気で、その他の理由で2名の下士官と5名の兵員が失われた。9月1日と11月23日を比較すると、2名の士官、2名の下士官、16名の兵員の差がある。しかしこのうち何人が負傷し、戦死したのかは知ることができないのだ。

大隊長のデトヴァイダー大尉は報告書の中で、前述のことを書いた後、大隊装備は長期間の行動の後、相当ひどい状態にあると述べている。すべての戦車と車両は、全面的な保守整備、修理作業が必要であった。北方への行軍中、大隊は8両のオートバイと3両の乗用車を失った。

中隊に配備された戦車の他に、戦力表によれば10月初めから大隊は3両の7.5cm装軌式自走砲架を装備している。資料ではこの車両の正確な形式は判明しなかった。実はこの車両が牽引式対戦車砲なのか自走砲なのかもはっきりしないのだ。さらに混乱させられることには、ある表ではこの車両に突撃砲のシンボルが描かれている！

11月終わりに第211戦車大隊は、自走砲の1両が作戦可能で、もう1両の同種車両は短期間の修理中と報告している。この資料によれば、大隊は3門の対戦車砲を保有していたようである。正しい形式名称は不明ではあるが、この車両はマーダーIII対戦車自走砲ではないだろうか。この車両は、当時のドイツ軍歩兵師団の対戦車大隊では典型的な装備であった。これまで述べた3両の車両は、1944年遅くには第211戦車大隊から姿を消している。1945年1月の大隊の編成表には、何も書かれていない。

軽戦車小隊は、10月、おそらく10日に第211戦車大隊に配属されている。11月終わりには軽戦車小隊の戦力は、I号戦車B型5両であった。これらの戦車がどこから来たかははっきりしない。しかしおそらく第40戦車大隊がフィンランドに残置し、その後対パルチザン向けに使用されていたものであろう。これらの戦車は1943年から2～3両ずつのグループに別れて、いくつかの部隊の編成表に姿を表している。

第211戦車大隊は戦争終結まで、エルヴェゴルトストロームに近いノルウェー領内に留まった。大隊の人員は、1945年5月に、ノルウェーの全ドイツ軍の降

138、139ページと同じソミュアである。履帯が切れたものの車体そのものには損害がないようだ。

1944年秋、道路脇に放棄されたホチキス。爆発したようだが、転輪と履帯は後で取り外されたようだ。脇を通過するのは、フィンランド軍のコムソモーレッツ装甲牽引車両で、後方には75mm対戦車砲を牽引している。

第211戦車大隊戦車中隊の各小隊長車には、ソミュアS35が充てられていた。ソミュアはやはりフランス製だが、ホチキスより大きく47mm砲を装備していた。

第211戦車大隊の戦車の大部分はフランス製のホチキスH39であった。この小さな車両は乗員は2名で3.7cm砲を装備していた。本車はフィンランドの地勢にも気候にも適していなかった。

前ページの写真と同じソミュア。車体後部に取り付けられているチェーンに注目。小隊員が集まっているが、正しく車道を選んで牽引しようとしている場面だ。

砲塔ナンバーでわかるように、第211戦車大隊第2中隊第3小隊長車のソミュア。アラクルッティで撮影されたもの。

115

アラクルッティの森林の中の、第211戦車大隊のホチキス戦車。

アラクルッティでの第211戦車大隊の車両。

アラクルッティ戦線後方地域の典型的な道路。狭い砂利道でしかない。森の中を移動できるのは歩兵だけで、戦車の戦術機動の余地はほとんどなく、正面攻撃をするしかなかった。第211戦車大隊は、このような地域で3年間過ごした。

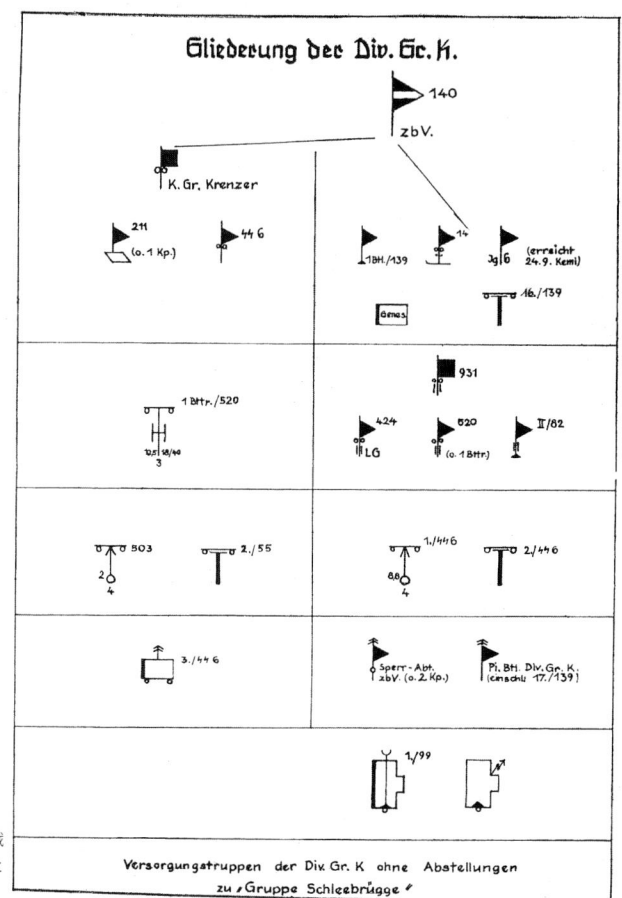

1944年9月20日付けのクロイトラー師団群の編成表。第1中隊欠の第211戦車大隊が、SS第6偵察大隊とともにクレンツァー戦闘団を編成していることが、左側の囲み上段の表示からわかる。

トルニオ〜ケミ間の戦闘後放棄された第211戦車大隊のホチキス。損害を受けた様子は見られないが、この写真からでは機械的トラブルによるものかフィンランド軍の攻撃によるものかははっきりしない。

第211戦車大隊のソミュア戦車。ラウモ川南岸のセイパオヤ岸で、湿って柔らかくなった地上の溝にはまり込んで放棄されたものである。

第217、218、219戦車小隊

　1942年1月、ドイツ陸軍総司令部は、ラップランド軍最高司令部に、新しい戦車部隊をフィンランドに派遣することを伝えた。これらは3個の独立小隊で、捕獲されたフランス製戦車を装備していた。部隊は2月1日にマンハイムの南16kmのシュヴェツィンゲンを発ったとされる。これらの戦車小隊は、ラップランド軍最高司令部の直接指揮下に置くことが意図されていた。部隊がいつフィンランドに到着したか、どんなルートを通ったかははっきりしない。

　これら3つの小隊ともに、第211戦車大隊と同じタイプの車両を装備していた。各小隊は1両のソミュアS35中戦車と4両のホチキスH38軽戦車を装備していた。ソミュアの武装は47mm砲1門と機関銃1挺である。一方ホチキスは37mm砲1門と機関銃1挺を装備していた。ソミュアの乗員は3名、これにたいしてホチキスは2名のみである。これら旧式戦車は1940年のフランス戦で大量に捕獲されたもので、速度が遅く信頼性に乏しかったが、ドイツ軍は両車を広範に使用した。ほとんどの車両はドイツ軍により、ドイツ製無線機の搭載、より実用的な車長用視察装置の装備等の改良が施された。これらの車両は、前線後方の警戒任務かパルチザン対策等、主として二線級の任務に使用された。その他小隊で使用された車両は3tトラック1両とオートバイ1両であった。

　各小隊は士官1名、下士官1名、その他兵員8名からなる。これら17名のうち11名が戦車の乗組員である。各小隊はほぼ完全充足の状態でフィンランドに到着した。しかしほとんど常に下士官は不足気味であっ

写真には先頭に1両のソミュアと後続する4両のホチキスが写っているが、これらはアラクルッティで撮影された第211戦車大隊の車両である。第217、218、219独立戦車小隊の車体ではないが、小隊も同じ戦車を装備して同様の編成をとっていた。

た。例えば第218戦車小隊は、1942年10月に、士官1名と下士官たった1名、兵員17名が所属していた。これはその他の兵員が、下士官の任務を代行していたことを物語る。もちろんこうした数字は、病気や転勤などで常時変化するものではあるが。小隊の戦闘による損失は記録されていない。おそらく小隊はフィンランドに展開している間には、全く戦闘には参加していないだろう。

第217戦車小隊の小隊長はヴェックヘアリン少尉であり、第218戦車小隊はブラント少尉、第219戦車小隊はフォン・ファルクミン少尉が率いた。ヴェックヘアリンは1942年11〜12月に病気になり、氏名不詳の少尉と交替した。同様に第218小隊のブラント少尉も11月に交替している。フォン・ファルクミンは、12月にフンク曹長に代わっている。

第217小隊は、最初は戦術レベルでは第6山岳師団に配属されていたが、1942年9月に第210歩兵師団に移行された。11月には旧状に復帰し小隊は第6山岳師団への配属が続いた。

第218小隊は、コロスヨキ要塞地区に配属された。これは重要なペツァモのニッケル鉱山の防衛のために作られたものであった。1942年11月状況は変わり、第218小隊も第6山岳師団に配属されることになった。師団では、第217、218小隊をまとめて、一時的に戦車中隊を編成して運用した。

第219小隊は、最初は第6山岳師団に配備されていたが、9月になって第210歩兵師団に移された。その任務は北極海沿岸の警備であった。

1942年夏から秋にかけての小隊の運用状況については、残念ながらはっきりしたことはわからない。関係書類の不足から、小隊の駐屯地がどこであったかを知ることも不可能である。部隊はおそらく前線のすぐ後方に位置し、主としてこの地域にあるごく限られた道路沿いに行動したのであろう。

これらの部隊のもともとの使用意図は、歩兵部隊の直接火力支援であったろう。戦車の主要目標は、敵の陣地であり戦車ではなかった。また行動困難な地形は部隊をいくつかの主要道路にしばりつけることになった。

小隊がフィンランドに到着したとき、彼らはごく短期間の訓練期間を経ただけだった。このためすぐに訓練が開始され、1942年の夏中続けられた。各小隊長は、1942年9月には彼らの小隊が十分練度が高いと、満足することができた。このころ第217小隊は、5名の交替人員を受け取った。

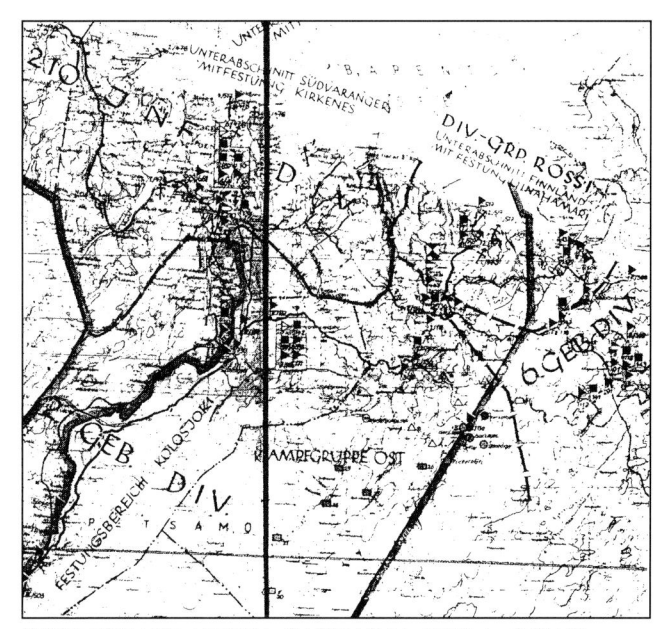

第210歩兵師団と第6山岳師団が、独立戦車小隊をよく活用した。前者はバレンツ海岸を防衛する弱体な貼り付け師団であった。後者はペツァモ北部を守る第一級の山岳師団であった。コロス川要塞地帯はニッケル鉱山周辺の要塞化地域だった。これはオリジナルの戦争日誌の地図である。

小隊は9月にはなんとか彼らの任務を果たすことができた。しかし秋には車両に問題が続出した。多くのフランス戦車が機械的故障を起こし、第一線から外された。小隊の保守整備担当人員は、これらの車両を稼働状態に保つのに手を焼いた。スペアパーツと特殊な工具も不足していた。問題は冬にはさらに深刻化した。雪と氷は戦車の行動をさらに困難にし、道路は非常に滑りやすくなった。滑りやすい道路と平滑な履帯のせいで、フランス戦車は道路上を進むのは非常に難しかった。多くの車両がスリップして道路から滑り落ちた。こうした車両を道路上に引っ張り上げるのは、戦車を使用してさえ一大事だった。戦車の履帯も非常に脆弱で、ほとんど行動の度に破損した。例えば第217小隊は、たった50kmの移動のために全部で3日間も費やしたのである！ 長い冬のため、戦車の使用は戦争の帰趨に大きな影響を与えなかった。

厳寒はとくにエンジンに重大な問題をもたらした。始動のためには数時間もの作業が必要だった。最悪の事例では、数両の戦車の始動に6〜10時間もかかったのである！ スペアパーツは常に不足がちだった。これらはフランスのデポから取り寄せねばならなかったのである。これは戦車の修理に必要なパーツを入手するには、半年も待たねばならないということを意味した。各小隊はその編成内に1名の戦車メカニックを

溝にはまり込んで動けなくなったソミュア。時期と場所は不明。この車体はたぶん分派された小隊のものではないだろう。戦争前半の第211戦車大隊の車体であろう。

有していたが、普通、特殊工具が不足するか必要な知識が足りなかった。例えば12月には、第217、218小隊合わせて10両の戦車を保有していたが、このうち稼働状態だったのは、ソミュア1両とホチキス3両だけだった。

　ここまで述べられたような多数の問題のせいで、第6山岳師団ではスペアパーツの状況がしっかり改善されない限り、戦車部隊を運用可能な状態に維持することが不可能ということがわかった。これはまた、車両が無ければ特別に訓練された戦車搭乗員が、まったく役に立たないことも意味した。師団はすぐに、小隊の運用状況が改善されない限り、小隊は解隊されるべきであるという提案を行った。この提案にはまた、戦車を海岸地域の固定陣地として用いるか、砲をどこか別の場所で使用すべきというものも含まれていた。

　ラップランド軍の参謀部は、早くからこの事態を認識しており、11月には特殊な保守整備人員、修理保守グループをフィンランドに派遣するよう求めていた。このグループは特別な人員と工具、3両の車両か

らなっていた。軍団の提案を受けて1週間の考慮の後、ラップランド軍は小隊を廃止するという提案を受け入れることにした。そして戦車は固定陣地として使用され、戦車搭乗員はドイツに送り返される。その他の人員はラップランドに展開する部隊に交替要員として勤務することになった。同時に保守整備部隊の派遣要請はキャンセルされた。

　陸軍総司令部もこれを了承し、12月31日に小隊は廃止され、戦車搭乗員は新しく編成される2個突撃砲大隊に充当されることになった。全部で士官2名、下士官8名、兵員60名が、新しい部隊に引き継がれた。これらの大半は新しい突撃砲部隊に移動したが、9名は第18要塞大隊に配属されている。その他の人員は1943年2月1日に車両抜きで、第211戦車大隊に転属された。残った戦車は沿岸防衛に使用された。

　3個独立戦車小隊の歴史はここまでにかなり詳細に述べられた。部隊は戦争の帰趨に何ら影響を及ぼすことはなかった。しかしこの歴史はフィンランド北部でのドイツ戦車部隊の運用が、いかに困難なものであっ

独立戦車小隊の車両は、この車体のように沿岸防衛任務について、その生涯を終えた。写真はおそらくフィンランドで撮影されたものではないと思うが、イメージとしてはこのようなものであったろう。

たかを物語ってくれているともいえよう。ドイツは彼らの保有する旧式なフランス戦車の性能と、北方の苛酷な環境について前もって知っておくべきであった。同じく捕獲された戦車を装備した第211戦車大隊は、すでにフィンランドでおよそ1年にわたって運用されていたのであるから。しかし1941年以降、ラップランドはドイツの戦争において、ごく小さな意味しか持っていなかった。そのせいで、最高の装備と車両が配備されることはなかったのである。もうひとつ別の事実は、極北の苛酷な条件はいかなるタイプの戦車をも、ほとんど無価値にしてしまったことであろう。

ホッチキス戦車が村を通過する。撮影時期と撮影場所は不明である。建物から推測してフィンランドに思えるが、ノルウェーかもしれない。

写真は第211戦車大隊の戦車である。しかしこの光景は冬場の森林と厚い積雪の中での独立戦車小隊の活動を彷彿させる。

Verband: Pz.Kpfwg.Zg.219

Unterstellungsverhältnis: Heerestruppe
taktisch der 21o.Jnf.-Division

Meldung vom 1.11. 1942

1. Personelle Lage am Stichtag der Meldung:

   a) **Fehlstellen**:
      Offiziere: —
      Uffz.: —
      Mannsch.: —

   b) Verluste und sonstige Abgänge in der Berichtszeit: vom 2.10.1942 bis: 1.11.1942

	tot	verw.	verm.	krank	sonst. Abgänge
Offz.	—	—	—	—	—
Uffz. u. Mannsch.	—	—	—	—	—

   c) In der Berichtszeit eingetroffener Ersatz:

	Ersatz	Genesene
Offz.	—	—
Uffz. u. Mannsch.	♥	—

2. **Materielle Lage**:

	Panzer-Fahrzeuge				Kraftfahrzeuge							Waffen			
	III	IV	Schtz.Pz. Pz.Sp. Art.Pz.B. (ohne Pz.Fu.Wg.)	Pak Sfl.	Kräder mit angetr. Bwg.	sonst.	Pkw. gelände- gängig	handels- übl.	Lkw. gelände- gängig	handels- übl.	Ton- nage	Zgkw.	s.Pak	Art.- Gesch.	MG	Sonst. Waffen (ohne An- gabe der Sollzahl)
	+	++														
Soll (zahlenmäßig)	4	1	—	—	1	—	—	—	1	3 to	—	—	—	5	—
einsatzbereit (in % des Solls)	100%	0,0%	—	—	0,0%	—	—	—	100%	100%	—	—	—	100%	100%
in kurzfristiger Instand- setzung (bis 3 Wochen) (in % des Solls)	0,0%	0,0%	—	—	100%	—	—	—	0,0%	0,0%	—	—	—	0,0%	0,0%

3. Pferdefehlstellen: — + = Hotchkiss-Pz.Kpfwg.(f) ++ = Somua-Pz.Kpfwg.(f) Bitte wenden!

Glysantin: 100%   Klarsichtscheiben: 100%   Winterbekleidung: 35%
Schneeketten: 40%
Kühlerschutzhauben: 100%

4. Kurzes Werturteil des Kommandeurs:

   Der Ausbildungsstand des Pz.Kpfwg.Zg. ist gut gediehen und hat das angestrebte Ziel erreicht.
   Die Stimmung kann mit gut bezeichnet werden.
   Die Materialschäden sind angestiegen, hinzu kommt, dass die klimatischen Verhältnisse die Beweg-
   lichkeit der Pz.Kpfwg. sehr beeinträchtigen.
   Der Panzer-Kampfwagen-Zug 219 ist nach Eintreffen von Gleisketten-Gleitschutzmitteln einsatzfähig.

                                                      Funk
                                        Fw.&stellvertr.Einheitsführer.

5. Kurze Stellungnahme der vorgesetzten Dienststelle:

   Einheit nur beschränkt einsatz= und bewegungsfähig.

                                        Div.Gef.Std.5.11.42

                                        Generalmajor u.Div.Kdeur.

第219戦車小隊は1942年11月1日にこの報告書を作成した。

特別編成戦車保安中隊

　1942年、第40特別編成戦車大隊をノルウェーに後退させる決定が下された。しかしラップランド軍最高司令部は、ソ連軍の戦車に対抗するため戦車の運用が継続されることを望んだ。このためより近代的で効果的な車両をラップランドに送ることが要請された。とくに突撃砲の調達が望まれた。このことはすでに1941年秋には要求されていた。これにたいして陸軍総司令部はノルウェーのオスロの近郊で、第25戦車師団の本格的編成に着手した。その結果1941年12月、第40戦車大隊は、ノルウェーに呼び戻されることになった。

　しかし第40戦車大隊はほとんどの旧式装備と、いくらかの人員をフィンランドにおいて、ノルウェーに戻った。フィンランドに残された戦車は、Ⅲ号戦車とⅠ号戦車で、全部でⅢ号戦車3両とⅠ号戦車16両が残された。部隊の人員は士官1名に下士官その他兵員52名であった。その他部隊で使用されていた車両は、乗用車1両、トラック3両、サイドカーつきオートバイ1両であった。

　これらによって新しい部隊、特別編成戦車保安中隊が編成された。この中隊は、第XVIII山岳軍団に配属された。部隊の任務は、第40戦車大隊とほとんど同じままで、主要任務は前線後方地域の警備で、最前線で戦うことではなかった。このような旧式車両で戦うことは困難だったからだ。

　中隊は3個小隊からなり、それぞれの小隊はⅢ号戦車1両とⅠ号戦車5両で編成されていた。人員は、第1小隊は士官1名に下士官3名、兵員13名で、残りの2個小隊は、下士官3名に兵員13名であった。第1小隊の小隊長は、中隊全体の指揮官を兼ねていた。本部は数名の人員と乗用車とオートバイからなっており、各小隊には1両のトラックが配備されていた。

　中隊の総人員は士官1名、下士官10名、その他兵員43名であった。しかしこの兵力はあくまでも紙の上だけのことだった。

　XVIII山岳軍団は、繰り返し交替ともっと優れた部隊の配属を要請した。しかしラップランド軍最高司令部は、より良い部隊を全く提供することができず、中隊はそのまま使用が続けられた。実際この部隊がどのように活動したかははっきりしない。しかし、その旧式装備から部隊が達成できた任務は極めて限定的だったとは言えそうだ。1943年2月、部隊は第40戦車中隊と呼ばれており、自身の野戦哨所ナンバー05307を保有していた。

　おそらく車両は次々と故障していき、1943年初めには部隊の作戦遂行能力は、ますます限定されたことであろう。同じころラップランド軍は、新しい戦車部隊の獲得を希望した。その結果、陸軍総司令部にたいして、第40戦車中隊を解隊して、車両を固定火器陣地として使用する許可が求められた。陸軍総司令部はこの要求を許可し、ラップランド軍は1943年6月10日、部隊の廃止命令を出した。

　部隊の人員は、他の戦車部隊の補充要員として、戦車補充部隊かドイツ、ノイルッペの第5訓練大隊に送られた。1943年5月26日の文書によれば、部隊の人員は士官1名、下士官11名、兵員47名であった。

　車両についとはほとんどそのままフィンランドに残された。3両のⅢ号戦車のみが、後で夏にマクデブルクの陸軍兵站部に船で送り返された。しかし全部で15両のⅠ号戦車は、少数ずつ分割されて、フィンランド北部に展開した部隊にばらまかれた。これら18両の戦車のうち、わずかにⅢ号戦車2両とⅠ号戦車5両だけが、戦闘可能だった！

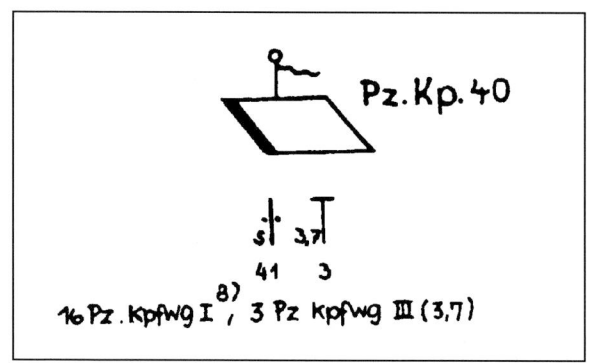

1943年3月1日付けの第40戦車中隊の編成表。中隊には16両のⅠ号戦車B型と3両のⅢ号戦車が所属している。

1942年春、キエスティンキ地域で撮影された第40戦車大隊のⅢ号戦車D型。
大隊の保有する旧式Ⅲ号戦車で37㎜砲を装備していた。おそらく1942年終わ
りにノルウェーに移動した第40戦車大隊が残置して特別編成戦車保安中隊に
譲渡したものだろう。

1944年夏の終わりの写真。これらのⅠ号戦車は、第40戦車大隊がノルウェー
に移動したときに、フィンランドにそのまま残されたものである。

```
Fernschreiben                              29.5.43.
                  ┌─────────┐              Uhr.
                  │ Geheim  │
                  └─────────┘
            An
Nachr.als F.S.:    O.K.H./Genst.d.H./Org.Abt.
                   röm. 18.(Geb.)A.K.
                   Gen.Insp.d.Pz.Tr.

Betr.: Auflösung der Pz.Kp.40.

     (Geb.)A.O.K.20 beantragt Auflösung der Pz.Kp.40.
Begründung: Die Pz.Kp.40 als Rest der ehemaligen Pz.Abt.
z.b.V.40 ist infolge veralteter und abgenutzter Ausstattung
und Fehl an Instandsetzungseinrichtungen nicht einsatzbe-
reit und kann auch nicht einsatzbereit gemacht werden. Z.Zt.
sind von den 15 Pzn. röm. 1B  5 von den 3 Pzn. röm. 3
2 fahrbereit.

(Geb.)A.O.K.20 schlägt vor:

1.) Zeitpunkt der Auflösung nach Einsatzbereitschaft der
    neu zugewiesenen Sturmgeschütz-Battrn. 741 und 742 voraus-
    sichtlich 15.7.43.
2.) Belassung aller Pz. röm.1B. von denen Einsatz der Fahr-
    bereiten zur Bandenbekämpfung, der nicht Fahrbereiten
    zum ortsfesten Einbau geplant ist.
3.) Abgabe der 3 Pz. röm.3.
4.) Abgabe des personellen Restandes in Höhe von 1 (eins)
    Offz., 11 (eins-eins) Uffze. und 47 (vier-sieben) Mann-
    schaften. Das Personal besteht vorwiegend aus fronter-
    fahrenen Leuten, die aus der Panzerwaffe hervorgegangen
    sind. A.O.K. hält auf Grund der derzeitigen personellen
    Lage es nicht für gerechtfertigt, die Spezialisten der
    Pz.Waffe im hiesigen Bereich weiter zu verwenden.

                                    (Geb.)A.O.K.20
Schriftl.:                          röm.1a/Org.Nr.1542/43 geh.
O.Qu.
Ib
```

この連絡によって第20軍最高司令部は、第40戦車中隊の廃止を求めている。

Sd.Kfz261。フィンランドで撮影されたものではない。

第20(山岳)軍最高司令部装甲車小隊

SS師団に所属するSd.Kfz221。前頁の写真同様、フィンランドで撮影されたものではない。

　ラップランドのドイツ軍～公式には第20（山岳）軍最高司令部は、1942年11月にドイツ本国から、1個装甲偵察小隊を受け取った。この部隊は軽装甲車6両を装備していた。この部隊は道路をパルチザンの襲撃から防ぐとともに、前線への連絡業務に使用された。部隊はラップランド軍司令部の直轄とされたが、その補給と保守整備業務は、第4機関銃大隊が担当した。

　装甲偵察小隊はドイツ製の装甲車6両を装備していた。車種はSd.Kfz221が3両、Sd.Kfz261が3両である。Sd.Kfz221は7.92mmMG34機関銃1門を装備した軽4輪装甲車である。Sd.Kfz261はよく似た設計だが、武装は装備していなかった。この車体はフレームアンテナを装備しており、軽無線車両として使用された。

　部隊の人員は、下士官12名とその他兵員3名であった。3名の下士官は偵察隊の指揮官で、残りの下士官は装甲車の車長か操縦手であった。その他の兵員は無線手である。乗員は個人携行武器としてピストルを携行した。人員および車両は、部隊を3つの装甲偵察隊に分けて使えるように編成されていた。それぞれの偵察隊は、2両の装甲車、すなわちSd.Kfz221とSd.Kfz261を1両ずつ装備していた。

　重機材の不足から部隊は主として高速偵察に用いられ、やむを得ない場合を除いては、戦闘に従事することはなかった。部隊の交替および訓練の母部隊となったのは、ドイツ本国にある装甲偵察補充隊と第24訓練大隊であった。

　フィンランドでの部隊の運用状況については、残念ながらほとんど記録が残っていない。しかしこれは、部隊が小隊規模であることから、当然でもあろう。もっと大きな部隊の報告書では、この程度の部隊にはほとんど関心が払われないのだ。しかし部隊は大いに役に立ったのであろう。というのも軍は、1944年6月に6～9両の装甲車の追加を要求しているからである。人員はすでにラップランドにいる将兵があてられることになっていた。これらの車両が実際配備されたかどうかははっきりしないが、たぶん配備されなかっただろう。

　部隊は遅くとも1944年10月にはノルウェーに移動し、リンゲンフィヨルドの防衛任務についた。

その他の戦車および不確かなケース

　これ以前に記載されたドイツ軍部隊が、フィンランドで戦車または装甲車両を使用した部隊のすべてというわけではない。何両かの戦車は意図した通り、すなわち戦闘車両として使用されたが、その他は例えばトラクターとして使用された。いくつかの例では、修理不能の車両は固定砲陣地として使用されたのである。

　本書ではドイツ国防軍のうちの陸軍の戦車に焦点を当てている。国防軍のもうひとつの部門、ルフトヴァッフェ（空軍）もフィンランドで装甲車両を使用している。少なくとも1943年初めには、ルフトヴァッフェは２両のタンケッテをケミの飛行場の「防衛用」に使用している。また1944年９月には２両の戦車がケミの町で使用されたらしいことがおぼろに見える。しかしこの戦車は既知の戦車部隊には所属していないのだ。

　本書に掲載された写真から、少なくとも１両のポーランド製のTKSタンケッテが、ラップランドのどこかで輸送ルートの警備に使用されていたことがわかる。この小型のタンケッテは、１挺の機関銃を装備し乗員は２名であった。タンケッテはルフトヴァッフェによって、ヨーロッパ中で広範囲に使用された。いくつかは爆弾運搬用トラクターとして使用され、その他は奇襲に備えて飛行場の警備用に用いられた。これらの旧式車両は、けっして実際の戦闘行動には使用しえなかった。

　前に述べたように、第40戦車大隊はノルウェーに発つ時、何両かの戦車をフィンランドに残した。これらの戦車は後方地域の警備および主要補給ルートのパ

ポーランド製のTKS「タンケッテ」が、補給隊列を先導している。時期と場所は不明。車両と兵の一部はフィンランド軍、また一部はドイツ軍のものだろう。ドイツ軍の一部はドイツ空軍の車両だということが、車両ナンバーからわかる。

トロールのための、特別編成戦車保安中隊の編成に用いられた。この中隊は、第40戦車中隊として知られるが、1943年夏に廃止され、そのとき保有戦車のわずか3分の1だけが稼働状態だった。15両のⅠ号戦車B型のうち5両だけが作戦可能で、残りは行動不能だった。稼働状態にある車両は警備任務に使用され、その他はいくつか重要な地点の固定陣地として使用された。戦車が配置された場所のひとつは、ソフヤナ川にかかった橋の近くであった。残りの戦車は後に別々の部隊に分配された。

編成表および戦力報告書によれば、1943年秋および1944年夏には、軽戦車は以下の部隊に配属されている。

第3猟兵大隊
　Ⅰ号戦車2両（稼働状態）

第449通信大隊
　Ⅰ号戦車2両（稼働状態）、3両（固定）

第38山岳観測大隊
　Ⅰ号戦車3両（稼働状態）

SS第6山岳師団「ノルト」
　Ⅰ号戦車2両（稼働状態）

ここに掲げられたリストは単なる一例に過ぎず、戦闘以外に使用されているすべての戦車の包括的なリストではないということを、心に留めていただきたい。

同じ編成表には、いくつかの装甲車両を示す戦術記号が見える。それによれば、第3、第6猟兵大隊は、1943年秋にそれぞれ4両の装軌車両搭載型2cm対空砲を装備していた。これはフィンランドに展開した機関銃スキー旅団も同じで、4両の同種車両を保有していた。一方SS山岳師団「ノルト」は、1944年6月に装軌車両搭載型4連装2cm対空砲を4両保有していた。その他の事実および写真はまだ明らかになっていない。

第6猟兵大隊の装甲車両は、9月遅くケミで見られたものであろう。しかし表中の戦術シンボルは、非装甲の装軌車両上に搭載された対空砲である可能性もある。写真かその他の資料が発見されない限り、事実は不透明なままである。

北極海沿岸のペツァモはフィンランド領土であったが、ドイツ軍の担当地域に含まれていた。重要な

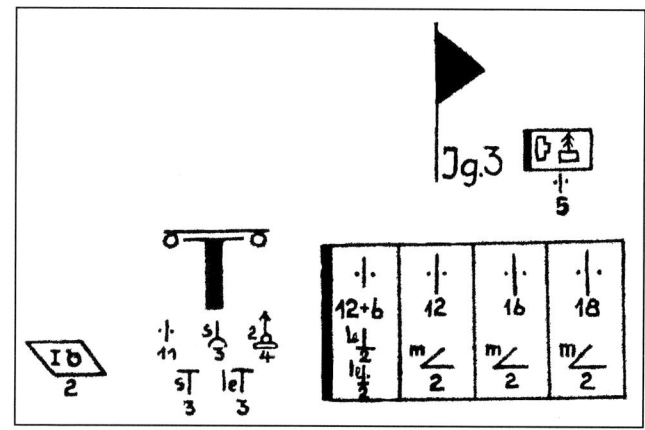

1943年9月25日の第3猟兵大隊の編成表。左端の記号にⅠ号戦車B型が2両所属していることがはっきりと描かれている。ただしこれはどんな武装を装備していたかはわからず、単に牽引車として使用されていたのかもしれない。さらに中央の記号で、大隊に4両の装軌式20mm自走対空機関砲が配備されていたことがわかる。右側の箱型の記号は、大隊に4個の猟兵中隊が所属していたことを示している。

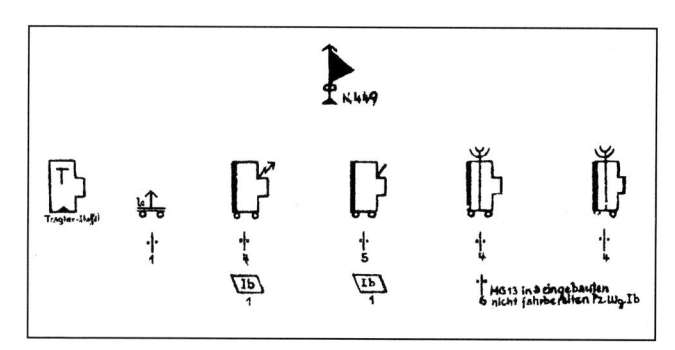

1943年9月25日の第449山岳通信大隊の編成表。上表には2両の稼働状態のⅠ号戦車B型と、3両の固定機関銃陣地として使用されているⅠ号戦車B型が所属していることがわかる。軍の通信部隊に所属したこれらの車両は、明らかに大隊の適当な代替的任務に割り当てられたものだ。

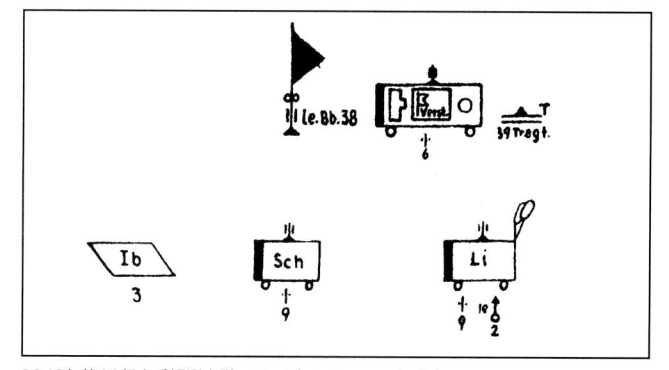

1943年第38軽山岳観測大隊の1943年9月25日の編成表。3両のⅠ号戦車B型が配属されていることがわかる。部隊は砲兵部隊で、発射音響および発砲炎を観測する。こうした部隊に戦車が配属されることはあまりないが、警備や対パルチザン任務に使用されたものであろう。

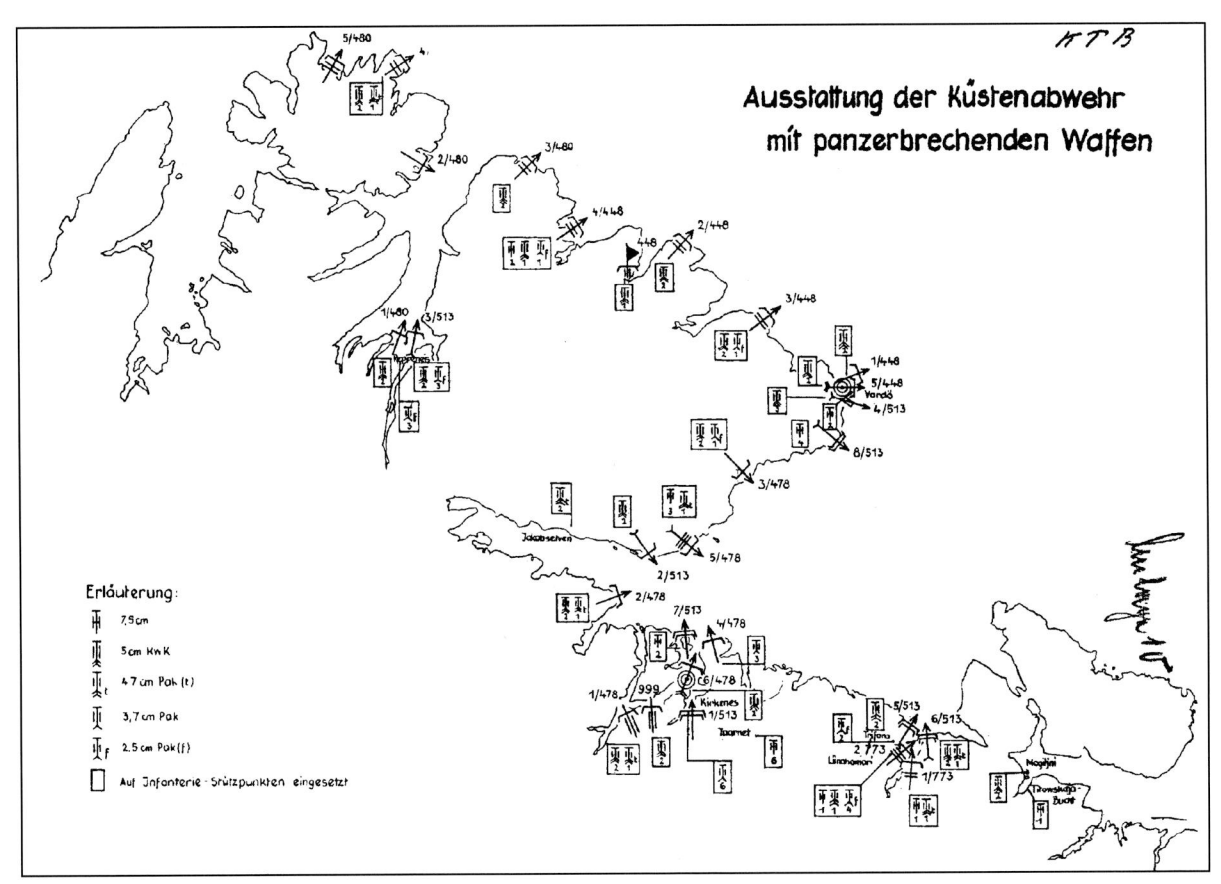

1942年11月23日付け戦時日誌地図に示されたペツァモと北部ノルウェー地域の、沿岸防衛用の戦車および対戦車砲の配置図。例えばリンナハマリ港（地図右下、ルイバチ半島の西側）の防御の様子などがわかる。

ペツァモの港は、沿岸砲とその他小口径の砲によって厳重に防御されていた。これら小口径の砲のいくつかは、もともと各種の装甲車両の主砲であった。残念ながらほとんどの資料は、単に砲の種類だけを記載しており、それらがどのようにしてそこに設置されたかは明らかにしていない。しかしこれらのいくつかは戦車が固定陣地として用いられたものであろう。これはノルウェー沿岸では一般的であり、フィンランドでもおそらく同じであろう。

1944年2月、旧戦車砲がペツァモ要塞司令部とロッシ師団群に所属する数々の基地に、以下のように分配された。

ロマノフ岬　3.7cm砲 ················ 1門
　　　　　　4.7cm砲（フランス製）··· 1門
　　　　　　5cm砲 ················· 3門

ペツァモ　　5cm砲 ················· 3門

リーナハマリ　3.7cm砲 ·············· 3門
　　　　　　　5cm砲 ················ 1門

資料はリストの砲が戦車の砲塔だけなのか、戦車本体を含むのかを明らかにしてくれない。なお前記のリストは戦車から流用された砲だけを書き出したもので、各所には多数のその他の砲、砲架が存在した。

SS師団「ノルト」は、1941年夏にフィンランドに到着したが、もともとは自動車化師団であった。当初師団はよい装備を欠き、練度も低かった。その結果、1941年晩夏にサッラとウフトゥアで大損害を被ることになるのである。すぐに師団の再編成が決定され、1942年初めにヴィルドフレッケンの練兵場で編成が開始された。新しい部隊が編成され、補充要員が訓練された。1月15日には他の部隊とともに、SS第6機甲擲弾兵大隊「ノルト」が編成された。計画によればこの大隊規模の部隊は7.62cm自走対戦車砲1個中隊を装備するはずであった。しかし中隊の人員はすで

ドイツからラップランドに戦車のような車両を撃破するための機材も多数送られた。写真ではSd.Kfz10ハーフトラックが、5cmPak38対戦車砲を牽引している。

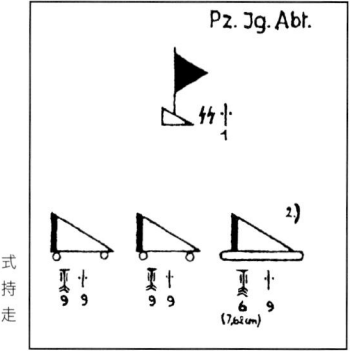

1942年10月1日のSS師団ノルト対戦車大隊の編成表。大隊は通常の牽引式対戦車砲2個中隊の他に、7.62cm戦車駆逐車両9両を保有する第3中隊を持つことが、一番右のシンボルでわかる。II号戦車か38（t）戦車ベースの自走砲と考えられるが、結局これらの車両はフィンランドには到着しなかった。

に充足されていたが、結局車両は配備されなかった。1942年終わりに中隊は廃止され、SS師団「ノルト」はSS山岳師団「ノルト」となった。

「ノルト」の突撃砲中隊も同様の運命をたどった。中隊は1942年に7両の突撃砲により編成されたが、フィンランドには到着しなかった。この部隊は後にSS師団のどれかに配属され、1942年終わりの「ノルト」の編成表からは除かれている。

ラップランド軍は、常に軍の対戦車能力の向上を望み、ドイツ本国に繰り返し新型兵器の配備を要請し続けた。例えば本書で後で触れられる第741、742突撃砲大隊はラップランド軍の出した要請により、フィンランドに到着したものである。1944年7月、軍はさらに軍の戦車駆逐中隊のひとつに、ヘッツアー駆逐戦車を装備してもらえるよう要請した。しかしこれらの車両は、実際には1944年12月まで受領できなかった。その時点で、第2山岳師団の第55戦車駆逐大隊第2中隊は、彼らの装備する通常型の装備と車両を師団の貯蔵庫に返納し、解隊のためミロヴィッツの練兵場に向かった。師団は代わりにヘッツアーを装備した、第1055戦車駆逐中隊を受け取った。その後この新しい部隊は師団に付属して、ノルウェーからデンマークを経由してドイツに帰還した。

このブレンガンキャリアーの写真がフィンランドで撮られたかどうかははっきりしないが、おそらくノルウェーかフィンランドであろう。少なくとも北方であることは確かだ。

ラップランドで15cmsFH18榴弾砲を牽引するSd.Kfz7 8tハーフトラック。

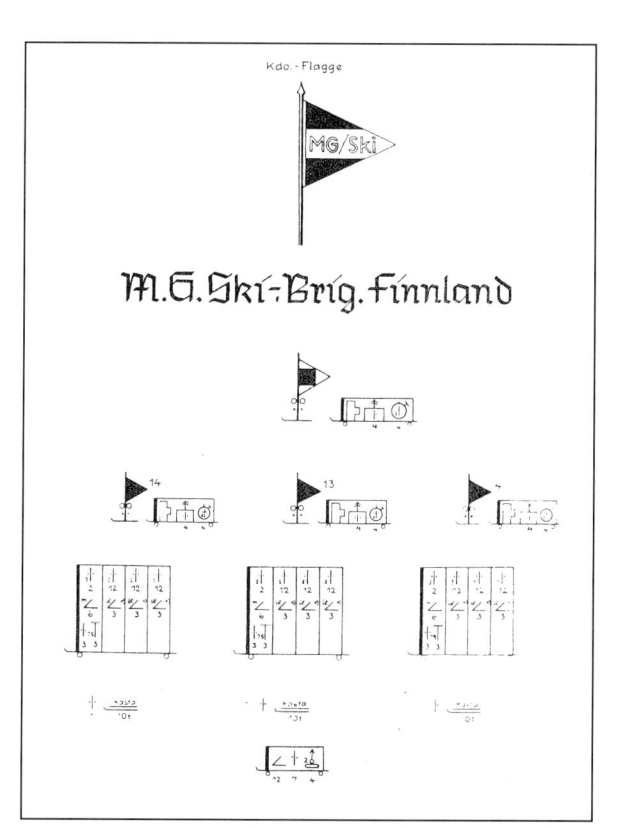

1944年7月5日付けのフィンランドスキー機関銃旅団の編成表。おもしろいのは一番下の四角形で、装軌車両に搭載された2cm対空砲4両が所属していることが示されている。残念ながら形式についてはわかっていない。しかしドイツ軍ではこの記号は、一般的に装甲車両を示す。

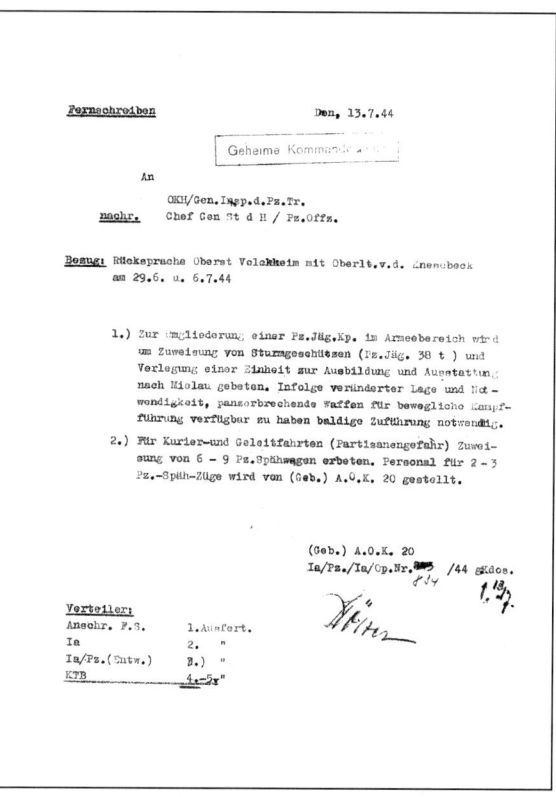

このテレタイプメッセージで、第20山岳軍団最高司令部は、陸軍総司令部に対して突撃砲かヘッツァーを装備した対戦車中隊1個を要求している。これは1944年12月にかなえられ、第2山岳師団は1個中隊のヘッツァーを受け取った。しかし2番目の要求の装甲偵察車両は、かなえられなかった。

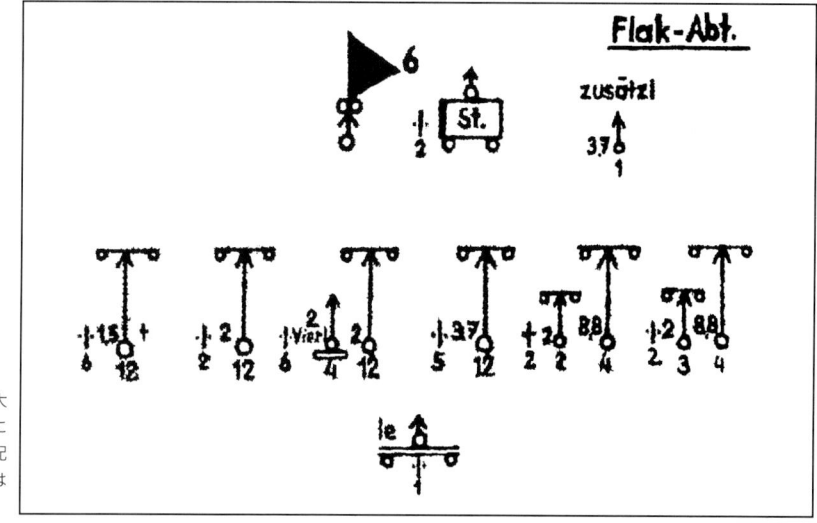

1944年6月25日の第6SS山岳師団ノルト対空大隊の編成表。中央の丸に矢印のシンボルマークによって、4両の装軌車両搭載4連装2cm対空砲が配属されていることがわかる。ただ残念ながら形式は不明である。

上写真はホチキスH35かH39をベースにしたトラクターが、ラップランドで道路工事に使用され
ているところ。下写真はSdkfz.7がウインチを使用して、野戦榴弾砲を引き揚げているところ。

この2枚と次ページの写真は、部隊も撮影場所もはっきりしないが、北方での撮影なのは確実で、たぶんノルウェーかフィンランドのどちらかだろう。すべて捕獲車両で、上写真の一番後ろの車体はイギリス製の「ブレン・ガン・キャリアー」。下写真は先頭がポーランド製のTKSで、2両の「ブレン・ガン・キャリアー」に、最後尾は対戦車砲を牽引したTKSである。次のページの写真はTKSで、前面には「Hedwig」と書かれている。

Hedwig

第741、742突撃砲中隊

1941年10月、ラップランド軍はその他必要な補給物資とともに、初めて突撃砲を要求した。この要請は基本的に、ラップランドで運用する戦車火力の強化の必要性に基づいたものであった。それまで軍が保有していた戦車では、道路沿いに進撃する部隊がぶつかる敵陣地を破壊することができなかったのである。ドイツ軍部隊はほとんど道路にしばりつけられており、このため荒野を通って敵陣地を迂回することができなかった。主要な補給ルートも道路によっており、こうした意味からも道路を早急に啓開する必要があった。

突撃砲は、これまでラップランドで運用されてきたフランス製戦車の装備する47mmと、50mm（訳者註：これはⅢ号戦車の主砲でフランス戦車のものではない）主砲より威力の勝る短砲身の75mm砲を備えており、この問題を解決してくれるように思えた。

しかし度重なる要請にもかかわらず、1941年には、軍はたったひとつの突撃砲中隊も受け取ることはできなかった。1941〜1942年の冬、ドイツ軍は部隊への新しい装備の供給に、大変な苦労をしていた。そしてこのような補給は東部戦線のもっと危険な戦区に重点的に送られていたのである。

1943年1月になり、ようやく陸軍総司令部は、1943年5月に2個の独立突撃中隊をフィンランドに送ることを伝えた。しかしこの部隊に配属される人員は、すでにラップランドに展開している部隊から集められることとされた。ラップランド軍の最初の予定では、第230、234戦車駆逐大隊の各々1個中隊から、人員を移行することになっていた。第230戦車駆逐大

第742突撃砲中隊の突撃砲と並んでポーズをとった中隊人員。1943年6月の終わり、ソフナヤ川での撮影。突撃砲の乗車人員は4名のはずで、写真では1名の「余剰」人員がいる。

第742突撃砲中隊のクライニッヒ上級曹長と乗員が、突撃砲の前でポーズを取っている。撮影場所は不明だが、まだドイツ国内かもしれない。写真の印はクライニッヒ自身がつけたもの。

隊は第169歩兵師団、第234戦車駆逐大隊は第163歩兵師団に所属していた。この決定はすぐに変更され、人員は主として廃止された戦車小隊や、対戦車、砲兵部隊から集められることになった。陸軍総司令部はこの決定を承認した。

ラップランド軍は1943年1月18日、突撃砲中隊2個を編成するため、隷下各部隊に、士官10名、軍属2名、下士官90名、その他兵員158名の人員を抽出するよう命令を発した。人員は以下の部隊から集められた。

XVIII（山岳）軍団
 砲兵将校小隊長   1名
 砲兵部隊下士官   22名
 戦車保安中隊下士官   1名
 戦車保安中隊その他兵員   22名

XIX（山岳）軍団
 砲兵将校小隊長   2名
 砲兵部隊下士官（志願） 1名

 砲兵部隊その他兵員（志願） 7名

加えて第217、218、219独立戦車小隊から、士官1名、下士官7名、その他兵員43名

XXXVI（山岳）軍団
 砲兵将校   4名（うち2名は中隊長）
 砲兵部隊下士官   31名
 砲兵部隊その他兵員   46名
 砲兵部隊下士官（志願） 17名
 砲兵部隊その他兵員（志願） 52名

前述の数字に加えて、砲兵デポの第462砲兵集積所から下士官1名が派遣された。これら人員の移動、集結（将校8名、下士官80名、その他兵員170名）は、新しい突撃砲部隊の編成のためである。ここに述べられた人数は、もともとの計画と若干異なっている。またこれらの数字が、現実のものとなったかどうかははっきりしない。命令はとくに質の高い将兵を求めていた。実際、各部隊の指揮官はしばしば性格的に問題

これと次ページの写真は第742突撃砲中隊突撃砲。1943年終わり、ソフヤナかコッコサルミでの撮影。後部装甲板の中隊マークに注目。このマークの地色および記号の塗色については不明である。これはおそらく中隊がドイツ国内に駐屯している間に塗装されたものだろう。というのもこの写真は、中隊がコッコサルミ戦線に到着してほんの数日して撮影されたものだからである。

ある人員を転属(つまり新規部隊に抽出)させたがる傾向にあったことが知られている。

部隊の編成作業は、第XXXVI山岳軍団に任された。軍団によって人員だけの部隊（人員部隊）が、フィンランド北部に編成された。部隊の車両はドイツで受領される予定になっていた。実際の編成作業はサッラ近郊のカイララの第230野戦予備大隊によって行われた。1943年1月終わり、陸軍総司令部は中隊に個別の識別ナンバーの741と742を与えた。部隊はカイララからロバニエミへと苦労して移動した。さらに移動は続き、鉄道を利用してオウルを経由して、2月18日、ようやくトゥルクに到着した。トゥルクでは部隊の人員は、2月23日まで地方補給デポの「リトル・ベルリン」に滞在した。翌日隊員は、海路を使ってアルテベラノ号でダンチヒ（現グダンスク）へ渡った。

部隊は訓練のためベルリン近郊のユターボクに送られた。ユターボクの訓練場は、最も重要な砲兵部隊の突撃砲訓練センターである、第2（自動車化）砲兵教導連隊のものであった。訓練分遣隊の隊長は、ペーター・ネーベル大尉であった。突撃砲はもともと砲兵の枠内で発展したものだったため、ドイツでは砲兵機材に含まれていた。しかし1943年までには、突撃砲は構造、運用法ともにより戦車に近づいて来ていた。

ユターボクのアドルフ・ヒットラー兵営での訓練は、

141

1943年3月初めに開始された。兵達は6カ月もの間帰郷していなかったため、2週間の休暇が与えられていたが、これは3月1日に終わった。将兵のほぼ半分がこれを利用していた。かつて中隊に勤務した隊員にたいするインタヴューによれば、訓練は3月6日から4月1日まで行われた。訓練終了後、再び4月14日までの休暇を与えられた。

　訓練期間は長くかからなかった。すぐに陸軍総司令部は、ラップランド軍にたいして、突撃砲中隊は5月12日にフィンランドに送られる予定である伝えた。インタヴューによれば、中隊は実際には5月16～20日まで編成されず、部隊がユターボクを離れたのは、5月21日のことであった。第741中隊の指揮官はハンス・バウアー大尉で、第742中隊はエアンスト・クレイボルト中尉であった。

　両中隊は、5月22日にナイデンフェルス号でゴーテンハーフェン（現グディンゲン）を離れ、1943年5月27日にピエタリサーリに到着した。フィンランド西岸のピエタリサーリからは、鉄道でオウルまで輸送が続けられた。5月28日、中隊はオウルに到着した。

オウルで中隊は荷下ろしされ、キーミンキ、プダスヤルヴィ、タイヴァルコスキを経由して、クーサモに近い前線に到着した。先遣隊はバウアー大尉に指揮され、行軍ルートを偵察しつつ、6月初めに最終目的地に到着した。行軍は6月中旬に、いくつかの小部隊に分かれて行われた。行軍そのものに犠牲が伴い、多くの車両が機械的故障で、行軍ルート上に点々と落伍して放置された。いくつかの故障は、すぐに工場でのエンジン生産段階での破壊工作によるものであることが判明した。

　両中隊は、コッコサルミのコルホーズの建物を宿営地とした。車両は以前は厩舎として使われていた建物に収容された。これにたいして隊員は木造の兵舎に入った。コルホーズは、コッコサルミの西、コッコサルミからキエスティンキに向かう街道沿いにあった。またコルホーズの農地は中隊の訓練場として使用された。

　定期報告書によれば6月終わりに、両中隊はともに以下の人員が配属されることになっていた。

第741突撃砲中隊の突撃砲の列線。1943年秋ヴィルナか翌春東部戦線のどこかでの撮影。中隊は第18歩兵師団の後にフィンランドに向けて船積みされた。

士官	5名
軍属	1名
下士官	45名
兵員	89名

合計140名

　実際の人数は上のものとは若干異なっていた。例えば第741中隊は士官1名と下士官11名が不足していたが、逆に余剰の兵員11名が所属していた。第742中隊はもう少し状況は良く、士官1名と下士官9名が不足していただけで、同じく11名の余剰兵員を持っていた。ただし人員の状況は、東部戦線のその他の同種部隊に比べれば、全般として非常に良好だった。

　両中隊とも書類上は10両の突撃砲を保有していた。各中隊の10両はそれぞれ3両ずつ配備された3個の小隊に分けられていた。残りの1両は中隊長車である。各々の小隊で使用されたその他の車両は、以下の通りとなっている。

オートバイ	4両
サイドカーつきオートバイ	3両
キューベルワーゲン（Kfz.1）	3両
軍用乗用車（Kfz.17）	3両
軽トラック	2両
トラック、うち何両かは4WD	25両
Sd.kfz.9ハーフトラック、トレーラーつき	1両

　実際の車両の状況は書類上の数字と一致しないが、総数は要求されたものと全体として同じ数となっている。何両かのサイドカーつきオートバイはキューベルワーゲンと交換された。車両の大部分はドイツ製で、工場で生産されたばかりの新品であった。

　両中隊の補給と管理業務は、第82山岳砲兵連隊が受け持った。しかし中隊の戦術的な運用については、ラップランド軍の直轄のままであった。中隊の教育訓

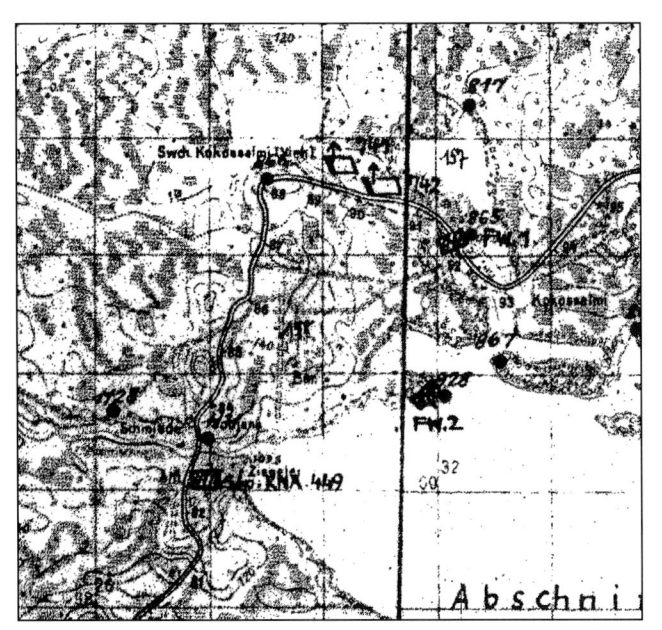

戦時日誌に付属した地図には、突撃砲中隊がコッコサルミ・コルホーズの近くに駐屯地を設けていたことが示されている。菱形の記号に注目。中隊はキエスティンキ戦線と同様に、後方予備の任務についた。

練は続けられ、XVIII山岳軍団では中隊の歩兵および工兵部隊との共同作戦の計画が立てられた。主要任務は、歩兵と共同した強行偵察、敵基地の破壊、自軍陣地防衛の支援、反撃の支援、パルチザンとの戦いなどである。そのためには現地の山岳部隊の指揮官が、突撃砲についてよく知っていることが最重要であった。このころキエスティンキ近郊で行動していた部隊は、第7山岳師団とSS第6山岳師団「ノルト」であった。

中隊はロウヒ、ウフトゥア、アラクルッティ周辺での運用の準備を検討するよう命令されている。さらにサッラ近郊のXXXVI山岳軍団さえ、隷下部隊が突撃砲の使用に精通する準備が命じられている。残念ながらこれらの命令がどのように実行されたかははっきりしない。そして部隊がどうやって突撃砲を知ろうと努力したかも。しかしとにかくこれらの命令には皆したがったようだ。中隊長の定期報告では、人員の訓練期間は比較的短かったため、訓練を続ける必要があった。ドイツでの訓練は、ほとんどの隊員は前に所属していた部隊でいくらか戦車に関する経験を有していたにもかかわらず、主として技術的事項に集中されていた。戦車のメカニックと操縦手はとくに念入りに追加訓練が施された。旧隊員の回顧録によれば、夏の間はほとんど訓練に費やされたという。しかし別の者によれば、夏の間中、魚釣りと野イチゴ狩りに明け暮れた

そうだ！

1943年8月の中隊の状況に関する報告書によれば、両中隊の指揮官は、彼らの部隊が小隊のレベルでは十分活動できることを最終的に確認した。歩兵との事前の訓練は、すでに小隊レベルで遂行されていた。訓練を通じて中隊長は、地形からいって小隊より大規模な部隊で突撃砲を運用することは不可能だと判断していた。突撃砲が効果的に運用できる場所は、実際唯一道路上だけだった。

各種のレベルの指揮官が、コッコサルミで行動する部隊にかなりの興味を示した。これも当然のことで、突撃砲はラップランド地域では新兵器だったのである。なんとラップランド軍の司令官であるディートル大将さえ1943年6月17日に中隊を訪問していた。

秋の終わりには、価値ある中隊をフィンランド北部で運用することは、効果的に活用する方法がないため、無駄であることが明らかになってきた。このことと東部戦線で続く戦闘の現実は、中隊は東部戦線のもっと南の戦域であれば、より効果的に活用できることをはっきり示していた。隊員自身もキエスティンキの荒野の中では全く無為に過ごすしかないことがわかっていた。このような理由が重なって、来るべき冬には中隊がフィンランドを去るべきことが明白となった。

9月半ば、中隊はコッコサルミの「森林収容所」を去り、9月23日オウル近郊のキーミンキに到着した。オウルからトゥルクへの移動は鉄道で行われた。そこから部隊がドイツへの帰還に使用した船は、偶然にもフィンランドに来たときと同じ船、ナイデンフェルス号であった。船は10月6日にダンチヒのノイファーヴェッサー港に着いた。なんとそこでは、ちょうどイギリス空軍爆撃機による空襲の目撃者となることとなる。

この日まで両中隊は一緒に駐屯していたが、第741中隊は10月11日に、ダンチヒからディッシャウ、ケーニヒスベルク、ドイッチェ・オイラウとヴィアバーレンを経由して、リトアニアのヴィリニスに輸送された。ヴィリニスで中隊は、ドイツでは初めての種類である、新編の第18砲兵師団に配属された。師団の主要部隊は3個砲兵連隊と大隊レベルの各種支援部隊からなっていた。第741中隊の用途は、前線の観測戦車を支援する支援用の突撃砲部隊である。これは前線の観測員が、敵砲火にさらされながらも作戦が続けられるようにするためのものであった。

新しく編成された砲兵師団は、12月4日に列車に搭載され、第741中隊とともにキエフの南の地域に輸

送された。1943年のクリスマスイブ、師団は最初の戦闘を経験した。このときと、それに引き続く戦闘で、突撃砲は大きな損害を被った。そして最後の2両は1944年4月9日に失われた。残りの人員は戦闘から離脱し、人員部隊だけがポーランドとドイツを経由して、フランスのツールのキャンプ・ド・リチャード訓練場に輸送された。中隊は1944年6月19日に、フランスで解隊されている。人員は一部は第394突撃砲大隊、また一部は東プロシャのドイッチェ・オイラウにある第600突撃砲補充大隊に移行された。これらの人員は各種部隊の補充に用いられた。

第742中隊は鉄道によってマクデブルク近郊のブルクに移動し、そこで装備車両を突撃砲学校に引き渡した。大隊はブルクからさらに移動を続け、1943年10月9日にシレジアのナイッセに到着した。ナイッセで人員は第300突撃砲予備訓練大隊に加えられた。元の第742中隊の人員は、ここで新編の第303突撃砲旅団に配属された。ただし他の資料では第303旅団は、1943年10月24日にブルクで車両なしで設立されている。どちらにしても第742中隊の人員は第303旅団で勤務することになる。第303突撃砲旅団は後にフィンランド軍の支援のためフィンランドに派遣される。第303突撃砲旅団については、本書の別の章でより詳細に解説されている。

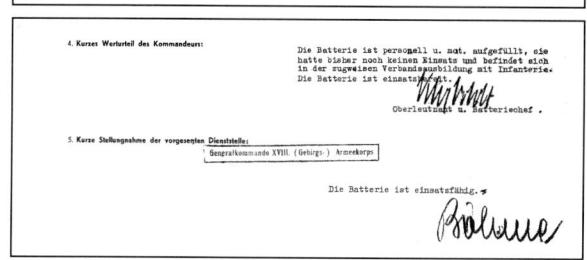

第742突撃砲中隊による1943年8月1日の月例報告書。ここには2ページの報告書と次ページには付録が掲載されている。

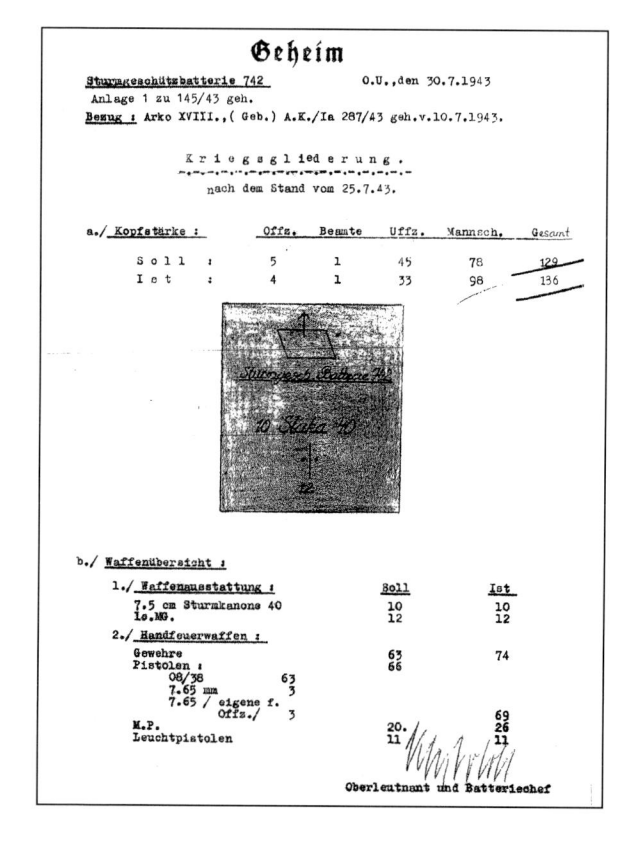

山岳猟兵と突撃砲乗員が、第742突撃砲中隊の突撃砲の前でポーズをとる。ソフナヤ川河岸での撮影。

道路上を行く突撃砲。おそらくキエスティンキでの撮影。

第741突撃砲中隊の車両、1944年春に東部戦線のどこかで撮影されたもの。前面装甲板の中隊マークに注目。太陽を背景に北極熊が描かれている。このマークがこの車体に描きこまれたのは、中隊員の記憶によれば、1943年12月23日のことで、中隊の全車両はまだそろわず、中隊長もフォルクスワーゲンに乗っていたという。

1943年6月終わり、ソフヤナまたはキエスティンキで撮影された第742突撃砲中隊の車両。

上と同じ突撃砲。車両は新しくダメージもないようだ。写真の撮影日時は不明だが、前線到着後のもののようだ。

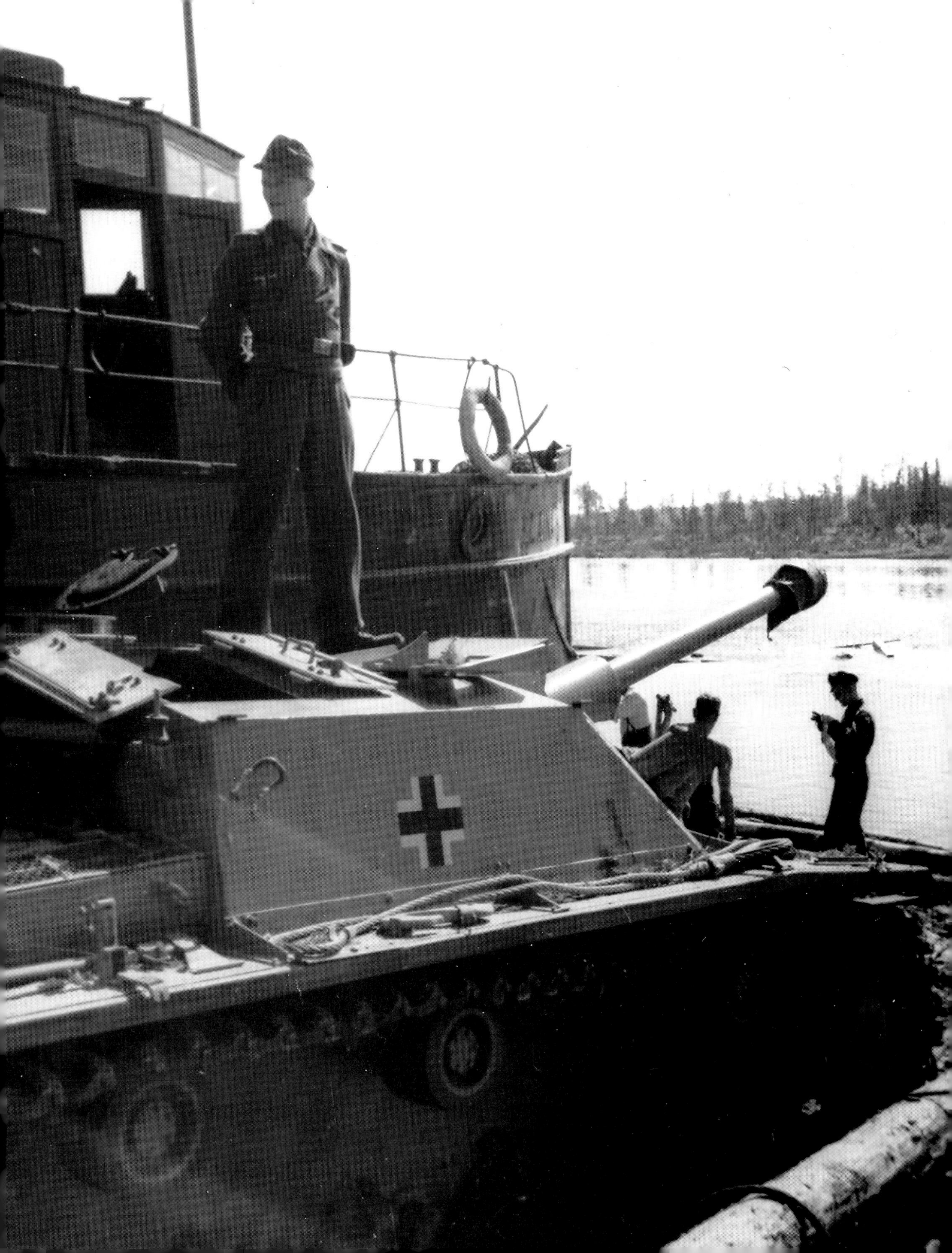

第742突撃砲中隊の車両が、キエスティンキ地区でパー湖からトゥオッパ湖へのライナの移動に従事している。中隊が前線に到着して数日後の話である。ライナはソフヤナ川に出る近道として地上を移動している。

第742突撃砲中隊長エルンスト・クライボルト中尉。

第6SS山岳師団ノルトの工兵が、ライナの道板を敷き詰めている。

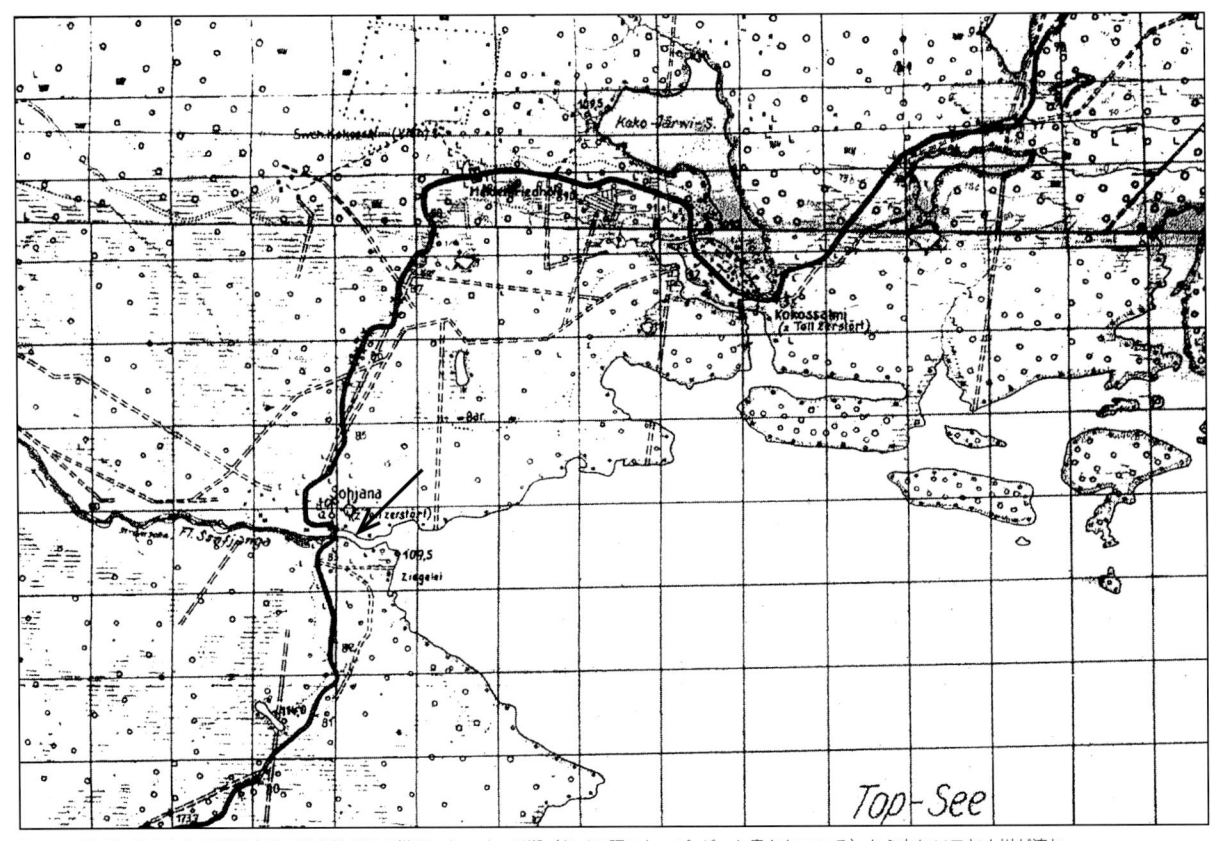

ドイツ軍地図に示された突撃砲中隊の駐屯地周辺の様子。トゥオッパ湖（ドイツ語でトップ・ゼーと書かれている）から左にソフヤナ川が流れ、湖の北岸にコッコサルミの村がある。村の西側に1943年夏季から初秋にかけての中隊の駐屯地があった。駐屯地はコッコ湖と道路の間の開闊地に築かれた丸太小屋であった。矢印は、第742突撃砲中隊の手で、パー湖からトゥオッパ湖へ移動した小艇ライナが再び川に入った場所。

突撃砲と18ｔハーフトラックがライナをソフナヤ川から引っ張り上げている。

２両の突撃砲がライナが川に戻るのを助けている。

153

ライナはまさに進水直前である。背景にソフナヤ川にかかった橋が見える。下
写真は作戦に使用された突撃砲の1両。

第11ロケット砲大隊第21(自走)中隊

　この「煙幕投射中隊(ネーベルヴェルファー)」は実際には戦車部隊ではないが、装甲車両を用いていることから、ここで簡単に紹介することにしたい。この部隊は1944年10月に、北東フィンランドでフィンランド軍部隊とのケミ、トルニオの戦いに参加している。この特殊部隊の車両は、フィンランド人には、しばしばドイツ「戦車」として目撃されたようだ。

　この部隊、通常装甲ロケット砲中隊と呼ばれる、が第11ロケット砲大隊の一部として、フィンランドの第XVIII軍団地域に到着したのは、1943年10月終わりであった。装甲ロケット砲中隊は最初カイララに配備され、後にキエスティンキの近くに移動された。カイララでは中隊は、100名以上の士官が見学する中で、武器のデモンストレーションを行った。報告書によると、中隊は1943年の終わりにはキエスティンキに近いコッコサルミに配置されていた。

　中隊の戦力報告書によれば、到着時には中隊は8両のSd.Kfz4/1装甲自走ロケットランチャーと、同数のSd.Kfz 4装甲弾薬運搬車を保有していた。同じく報告書では、Sd.Kfz250/3装甲無線車1両、乗用車4両、ケッテンクラート1両、サイドカーつきオートバイ1両、マウルティアハーフトラック5両、全装軌式トラクター(訳者註：RSOトラクター？) 1両も配属されていた。中隊の人員は、士官3名、下士官15名、兵員62名であった。本来中隊の定数は総数108名であり、いくらか本来の通常兵力を下回っていた。

この写真の装甲ロケット中隊の自走ロケットランチャーは、1943～1944年の冬にフィンランドで撮影された車体。おそらく中隊がフィンランドに到着してすぐの10月ではないか。正確な場所は不明である。

前のページの２枚の写真も前ページと同じ一連の写真である。車両のフェンダー端が白で塗装されていることに注目。下写真では後面板に書かれたアルファベット文字で、中隊の各車両が区別されているのがわかる。

156

ロケットランチャーに装填中である。

フィンランド北部での中隊の運用状況についての情報は、非常に限られている。おそらく中隊は、1944年秋までのソ連軍の進撃を停止させるための、キエスティンキ周辺での戦闘に参加していることであろう。1944年9月には、中隊はコルヤ戦闘団に所属しており、サッラ近郊の第XXXVI山岳軍団地域の防衛陣地にあった。

　フィンランドとドイツの戦闘が始まると、10月4日夕、中隊はK（クロイトラー）師団群に配備された。K師団群は単に急いでかき集められた大隊やその他小規模部隊の集合体に過ぎなかった。この集団に与えられた任務は、ケミとトルニオ周辺の道路と鉄道をフィンランド軍部隊から開放し続けることにあった。この時期装甲ロケット砲中隊は、トルニオを北方から奪取する作戦を試みたシュテート戦闘団に移行された。しかし戦闘団の攻撃は失敗し、部隊の多くが罠に落ちた。戦闘は10月8日中荒れ狂ったが、この日フィンランド機関銃スキー旅団と第3猟兵大隊が、なんとか罠から抜け出すことができた。もちろんこれには装甲ロケット砲中隊も協力した。

　装甲ロケット砲中隊は、11月18日にノルウェーに後退するまで、K師団群に付属したままであった。この日、中隊はラップランド軍最高司令部の直轄部隊となった。ノルウェーまでの長旅とフィンランド軍との戦闘で、中隊の整備保守要員は大忙しであった。10月14日の報告書によれば、中隊はわずか5両の戦闘可能なロケットランチャーを保有するだけだった。中隊は10月終わりにノルウェーに移動したらしい。そこで中隊は12月にSS師団「ノルト」に配属された。「ノルト」自身は、1944年終わりから1945年初めにかけてドイツに移動したが、この時点で中隊は再び完全編成となっていた。中隊の最後の運命は明らかになっていない。

ロケットランチャーへ装塡中の風景、1944年夏。ロケット弾の輸送に使用されたボール紙のチューブに注目。

前ページと同じ車体の写真。下は中隊の別の車体。中隊には全部で8両の装甲
発射機マウルティアーを保有していた。

マウルティアー装甲発射機は、10本のロケット発射筒が装備されている。発射筒には各1本の15cmロケットが装填される。ロケットは1発ずつ電気式に発射される。写真の左側の下士官は、たった今発射用の電線の接続をしている。ロケットの前部分には燃料が詰められており、ロケットの後部、外側に見える小穴から燃焼ガスを噴射して弾体にスピンを与えて、弾道を安定させる。

前、前々ページと同じように、マウルティアー装甲発射機にロケット弾を装填中である。後部装甲板に描かれたネーベルヴェルファー部隊の部隊マークに注目。破壊力の中心は爆風によるもので、個々の弾丸は非常に大きな爆発力を有する。ごく短時間に大量の爆発力を投じることができるのが特徴である。この兵器は正確さには欠け、発射によってロケットの発射煙で発砲場所が露呈しやすい。

装甲ロケット中隊所属のSdkfz.250/3装甲無線通信車。車両側面に装備されているMG42に注目されたい。この優秀な機関銃は、二線級の任務しか担っていない部隊には珍しい装備で、全ラップランド軍戦区でも10枚ぐらいしか写真が残っていない貴重な火器だった。

中隊がロケットを斉射する瞬間の写真。

たぶん中隊長と思われる士官が、前線から有線または無線で送られたデータをもとに、射撃チャートを使用してロケットランチャーの俯仰角度と方向を決めている。

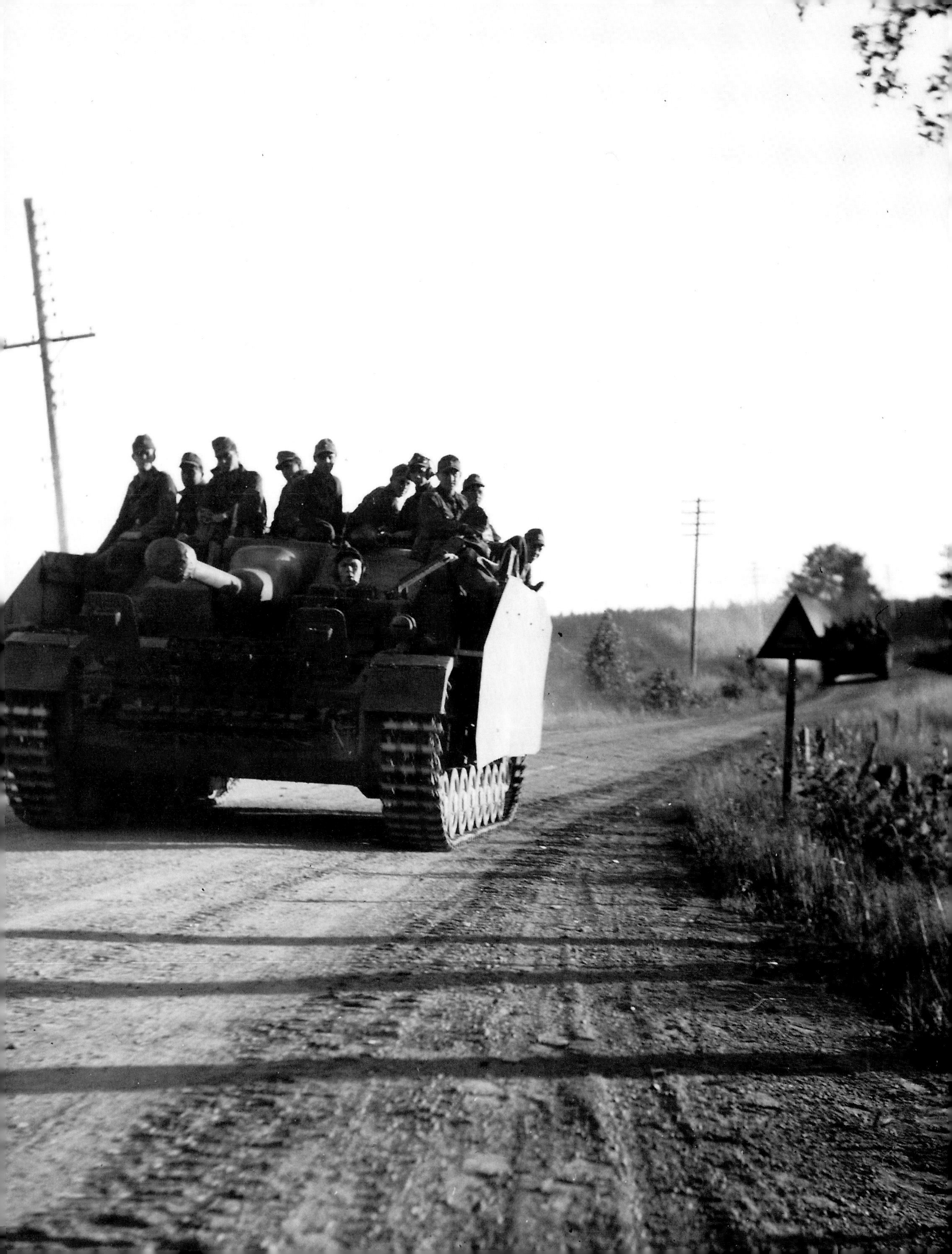

第303突撃砲旅団

　1944年6月9日、ソ連軍はカレリア地峡で偵察のための攻撃を開始した。翌日この攻撃は、フィンランド軍にたいする大攻勢に発展した。この攻勢は攻撃の焦点となったフィンランド軍の防衛線を急速に崩壊させ、フィンランド軍を主防衛線から撤退させようとしたものであった。次の防衛線、VTラインも6月中旬に突破され、フィンランド軍の撤退は続いた。事態の悪化を受けて、フィンランド軍最高司令官マンネルヘイム元帥は、ドイツからの援助を求めることを決定した。最初に要請されたのは、ドイツ空軍による航空支援、そして多数の武器援助であった。6月19日、要請は拡大され6個歩兵師団ものドイツ軍部隊の派遣が求められた。

　要請はすぐにかなえられた。6月20日、ドイツはフィンランドにたいして、まず1個突撃砲旅団と1個歩兵師団をフィンランド南部に送る、というヒットラーの決定を伝えた。これにしたがい、エストニアの北方軍集団に命令が伝えられた。命令はすぐにエストニア北東部を守るナルヴァ軍管区に転送され、わずか数時間後には第303突撃砲旅団の最初の部隊が、エストニアの首都タリンへの移動を開始した。

　旅団から最初に輸送されたのは、10両の突撃砲と8両のトラックであった。輸送を指揮したのはヘアマン・クライニッヒ上級曹長で、6月22日に貨物船の

第303突撃砲旅団の突撃砲が、1944年9月初めにヘルシンキで船積みされているところ。旅団はリガに輸送され後にクーアラントに送られた。

ザスニッツのマルスキ・スティヒ号が、フィンランドへの突撃砲の最初の部分の輸送のために使用された。船はヘルシンキ港で転覆し、第303突撃砲旅団の車両の一部が失われた。

マアスク・シュティヒ号でヘルシンキに到着した。しかし貨物船はヘルシンキ港で転覆してしまった。フィンランドの目撃者の印象によれば、この船は積み荷の積載方法が良くなかったようだ。この事故で何両かの突撃砲が港内に沈没してしまった。沈没した車両はすぐにダイバーによって、現地のドックヤードのクレーンを使用して引き上げられたが、これらの水没車両は、後で再整備のためドイツに送り返された。幸運にもこれらの車両の乗員はなんとか埠頭に逃れることができたが、乗員の1名は突撃砲と隔壁の間に挟まれて負傷した。彼は地元、ティルックの病院に入院した。この事故に関するドイツ側の見解では、貨物船は速度を出して埠頭に衝突し、その衝撃で荷崩れが起きて転覆したとされる。著者が行ったインタヴューでは、出港したタリンの港湾関係者によると、貨物船はタリンを出港するときから、過積載が危惧されていたという。沈んだ車両の乗員はヘルシンキに留まり、代わりの突撃砲が到着するのを待った。

旅団の主要部分は、それ以上問題なくヘルシンキに到着した。旅団の人員と車両はヘルシンキを通って前線に向かい、多くの人々が彼らの行軍を見守った。旅団は前述のクライニッヒ上級曹長と2名の人員を沈没車両の引き上げ作業の遂行と、補給物資の取り扱いのためヘルシンキに残した。クライニッヒはフィンランド軍参謀本部の一角に、事務作業スペースを与えられた。7月終わりには、ルードヴィッヒ・シュライツ兵長の指揮下に、ハンコに同様な事務所が設けられた。

第303突撃砲旅団は、6月23～24日に鉄道でラッペーンランタに輸送された。全旅団の輸送には7列車、全部で260両の鉄道貨車が使われた。フィンランド戦車師団のカレヴィ・ハーパニエミ中尉が、ラッペーンランタで列車を迎えた。元SS義勇兵だったハーパニエミはドイツ語を話すことができ、フィンランド突撃砲大隊に勤務しているため、突撃砲にも精通していた。しかし荷下ろしはラッペーンランタで行われたのではなく、その手前数kmで行われた。

ラッペーンランタで到着するはずのない列車を待っていたハーパニエミ中尉は、この後旅団の隊員が町を歩いて来るのに出会って相当驚かされた。このエピソードの後、旅団は直接カナノヤ館のグラウンドへ向

165

マルスク・スティヒ号を反対側から見た写真。第303突撃砲大隊は最初の命令を受け船積みされ急送されたが、一部は水没し突撃砲員1名が傷ついた。

かった。そこには戦車師団の指揮官、ラガス少将の司令部があった。

　旅団の戦力についてはいくつか資料によって相違がある。最も信用性の高い資料では、42両の突撃砲を保有しそのうち29両が作戦可能であった。編成表によれば、このとき旅団は31両の突撃砲を保有していた。当時の人員に対するインタヴューは、何の解決にもならなかった。そのうちの一人は、「旅団はすでに1944年1月に42両の突撃砲を装備していた」と語ってくれた。これは45両という陸軍突撃砲旅団の公式戦力定数に近似している。しかしこの戦力は1944年秋までは実現されなかった。おそらく旅団は一時に30両以上の突撃砲を作戦可能状態に維持できなかったろう。また42という数字には、第122歩兵師団の10両の突撃砲も含まれていたのではないだろうか。両者が戦後、フィンランドの軍事的著作で混同されたとしても、驚くには値しない。ヘルシンキで水没した何両かの突撃砲は、後にドイツから来た新しい車両に交換された。残念ながら旅団の実際の人員の状況について示す記録は存在しない。この時の突撃砲旅団の書類上の戦力表は、別掲されている。

◆1944年初めからの前線での行動

　第303突撃砲大隊は、1943年10月24日にブルガで、車両がなく人員のみで編成された。旅団は3個中隊編成で、当初は第303突撃砲大隊と呼称されていた。すべての突撃砲大隊の名称が、1944年2月25日に旅団に変更されたが、戦力および編成にはなんら変化はなかった。

　ブルガから旅団はシレジアのナイセに輸送され、そこで第742突撃砲大隊から補充人員を受け取った。車両はフランスのツールで配備された。ある資料によれば、旅団の装備した車両数は、7.5cm砲装備のIII号突撃砲30両と10.5cm砲装備のIII号突撃榴弾砲12両であった。

　初代の旅団長は、ハンス・ウィルヘルム・カーデネオ大尉である。そして第1大隊長はリュティッケ大尉、第2大隊長はバルダウフ中尉、第3大隊長はガイセルブリヒティガー大尉であった。

　旅団は、1944年1月19日、鉄道でパリ、ベルリン、

第303突撃砲旅団はヘルシンキ市内を通ってパレードを行い、フィンランド国民の士気を鼓舞した。写真は旅団のシュビムワーゲンで、ウルヨン通り近くのトルニホテルの前に駐車しているところ。車体の側面と後面に描かれた旅団マークに注目。円の中に3頭の馬の頭が描かれている。

167

リガを経由してプレスカウ（現在のプスコフ）に輸送された。1月25日、ウンターゴッシュで旅団は最初の戦闘に参加した。そのとき旅団の一部は、エストニア南部ナルヴァに近いプレスカウ〜オストロフ地域で、歩兵部隊を支援して反撃を行った。旅団は、フィンランドに送られる前の4カ月に渡って前線で経験を積んでいたので、練度はかなり高かった。例えばソ連戦車の撃破数は、第3中隊だけで46両に上った。46両のうちの23両は、小隊長のヘアマン・クライニッヒ上級曹長によって破壊されたものであった。フィンランド側の資料によれば、この旅団は経験不足で能力が低かったとされている！ エストニアでの戦闘ぶりを見る限り、けっしてそんなふうには見えないのだ。

◆イハンタラの戦いでの
　第303突撃砲旅団第2中隊

　第303突撃砲大隊は、オエシュ中将が司令官の地峡司令部に配属され、6月23日にラガス少将指揮下の戦車師団に送られた。戦車師団長のラガス少将は、ソ連軍の攻撃はタリ地域に指向されたものが最大の脅威となると結論づけた。6月23日、旅団はイハンタラ方面に移動する命令を受けた。第1中隊は同日早朝、ヌイヤマーを通ってキルペーンヨキに進軍し、その他の中隊も続いた。6月27日朝、旅団は保有車両を中隊ごとに、イハンタラ、キルペーンヨキとコンヌに割り当てた。フィンランド突撃砲大隊の各部隊は、同じ地域で2日間にわたって戦闘を続けていた。突撃砲大隊第1中隊は6月26日に、タリンミュリの北で行動していた。ドイツ軍とフィンランド軍の突撃砲部隊の行動は、ソ連軍部隊のポルティンホイッカとイハンタラへの前進を阻止するための、戦車師団による大規模な反撃作戦の一環であった。

　6月27日、バルダウフ中尉の指揮する第303旅団第2中隊は、フィンランドの戦隊、フォルスベルク分遣隊に配属された。

　この戦隊に参加したその他の部隊は、第48歩兵連隊の2個歩兵大隊と第13歩兵連隊の1個歩兵大隊であった。この分遣隊の狙いは、イハンタラ〜ポルティンホイッカ道のヴァッキラの交差点を奪回し、それからヌルミランピに前進することであった。

　攻撃は朝の6時に開始され、最初はうまくいった。マルヤマキの敵陣地は激しい戦闘の後確保されたが、すぐにソ連軍の反撃で奪い返された。ドイツ軍の突撃砲は、すぐに弾薬不足になってしまった。突撃砲のう

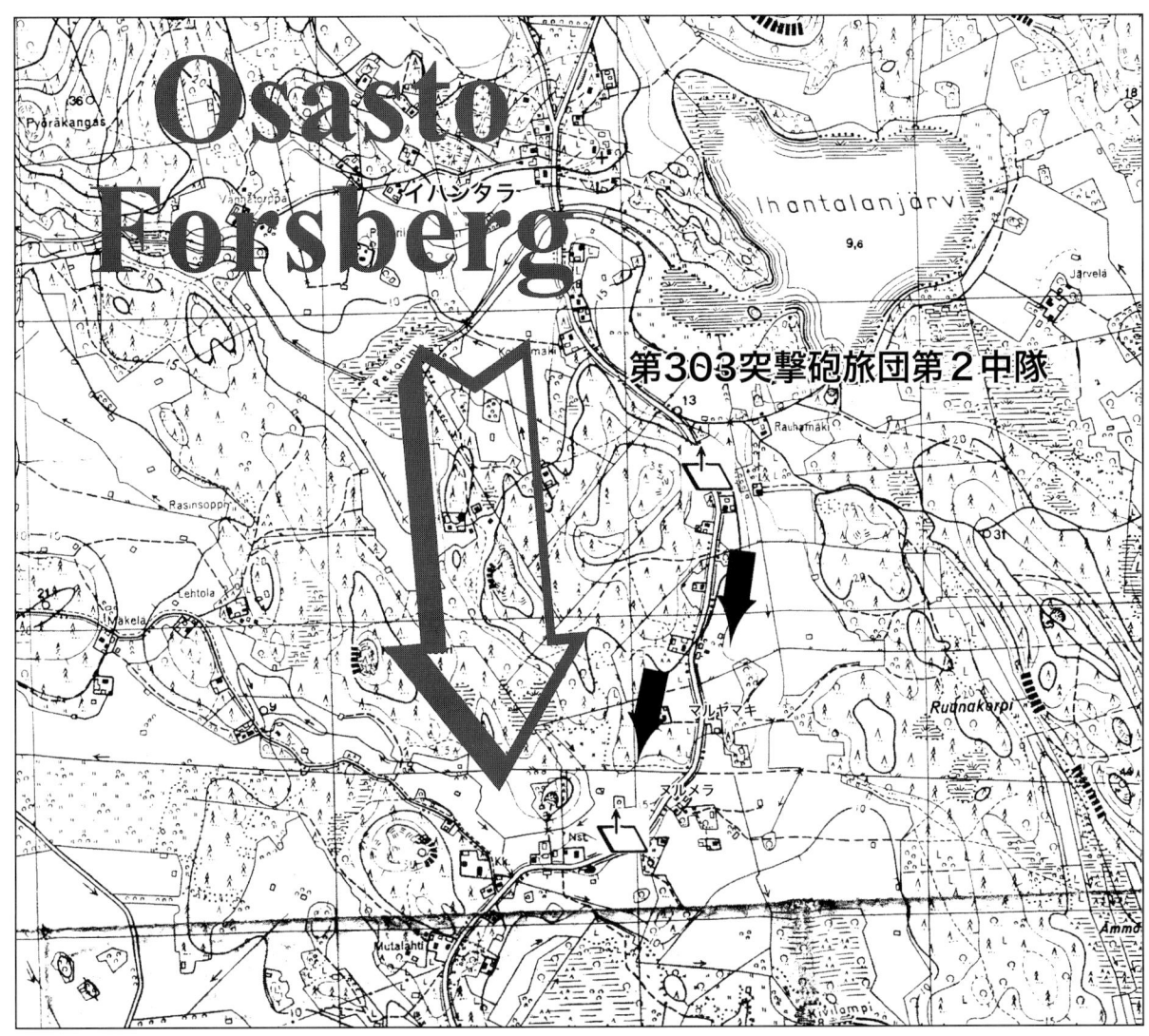

6月27日、第303突撃砲旅団の第2中隊は、フォルスベルグ分遣隊の一部として、ヴァッキラ十字路を攻撃した。

ちの5両が、8時には榴弾の補給のため後退した。ソ連軍の戦車は現れず、徹甲弾は必要なかった。その後ヌルメラの前方で1両のドイツ軍の突撃砲がエンジンデッキに直撃弾を受けたが、なんとか行動することができた。この車両は救われ、10日後に操縦手は第1級フィンランド自由勲章を授与された。フィンランド軍の攻撃は、ドイツ軍の突撃砲に支援されて、道路に沿って南に向かって続けられた。しかしソ連軍兵と迫撃砲の猛烈な砲火は、甚大な損害をもたらした。

フィンランド軍部隊とドイツ軍部隊との共同には何か問題がおきたのは確実で、ラガス少将自身が突撃砲の指揮に介入した。ラガスは彼の突撃砲大隊の指揮官のオケルマン少佐を、ドイツ軍の行動監督のために派遣した。彼は6月26日午後9時45分にドイツ軍のシェラー大尉が負傷したため、一時的に旅団の指揮さえ行っている。

目標のヴァッキラの交差点に到達すると、ラガスは戦隊にヌルミランピとタリンミュリに向かって前進を続けるよう命令した。ドイツ軍の突撃砲は、このとき道路を開放するために使用された。しかしフォルスベルク分遣隊は、さらに前進を続けることができるだけの十分な戦力を持っていなかった。いくつかの部隊はヌルミランピに向かって前進を続けたが、ドイツ軍を含む残りの部隊は、集結してヴァッキラの交差点の防衛についた。ドイツ軍の中隊は、午後に再補給のためイハンタラに移動した。

169

◆ビョルクマン分遣隊の一部となった
　第303突撃砲旅団第1中隊

　リュティッケ大尉の第1中隊は、第2中隊同様6月27日にイハンタラに移動した。そこで6月28日になって、中隊は別のフィンランド軍分遣隊、ビョルクマン分遣隊に配属されることになった。このフィンランド軍分遣隊は、東側のソ連軍先鋒部隊と戦った。その目的は敵を西に押し戻して、西側のソ連軍先鋒部隊と戦っている分遣隊、プロマ分遣隊と接触することであった。ビョルクマン分遣隊は、第48歩兵連隊の1個大隊と第13歩兵連隊の1個大隊、第2国境警備大隊、独立第14大隊、(フィンランド軍の)突撃砲大隊の1個中隊とその他小部隊からなっていた。

　ビョルクマン分遣隊は、6月28日の朝、新たなる攻勢を開始した。攻撃部隊は突撃砲大隊の1個中隊が努めた。中隊は夜を徹してまで戦闘を続け大損害を被った。このためこの中隊を引き上げて、ドイツ軍の突撃砲部隊と交替することが決められた。7両の突撃砲を装備したドイツ軍の突撃砲中隊は、ルーナコルピに向かって前進した。そこでビョルクマン大尉から、タリンミッリへの道路に沿って防衛陣地につくよう命じられた。中隊の突撃砲のうちの2両はラウハマキの南で位置につき、2両はルーナコルピの北で2両はルーナコルピに近い砂地に入った。フィンランド軍の反撃は最初はうまくいったが、困難な地形と激しい敵砲火によってもはや前進できなくなってしまった。

　ソ連軍は彼らの攻撃を6月28日朝に開始していた。そしてビョルクマンの部隊に大混乱を引き起こしていた。3両のT-34が戦線を突破し、ドイツ軍の突撃砲に砲火を浴びせた。1両の突撃砲が行動不能となり、もう1両は戦わずしてイハンタラに後退してしまった。損傷した突撃砲は後にドイツ軍によって回収された。問題の車両は中隊長車のようで、その操縦手と砲手は重傷を負った。

　このため圧倒的な敵兵力にたいして防衛戦を戦うフィンランド軍部隊は、突撃砲の支援を受けられず、恐ろしい窮境に置かれてしまった。実際ドイツ軍突撃

カレリア地峡での突撃榴弾砲42型。本車は突撃砲に105㎜榴弾砲を搭載したものである。

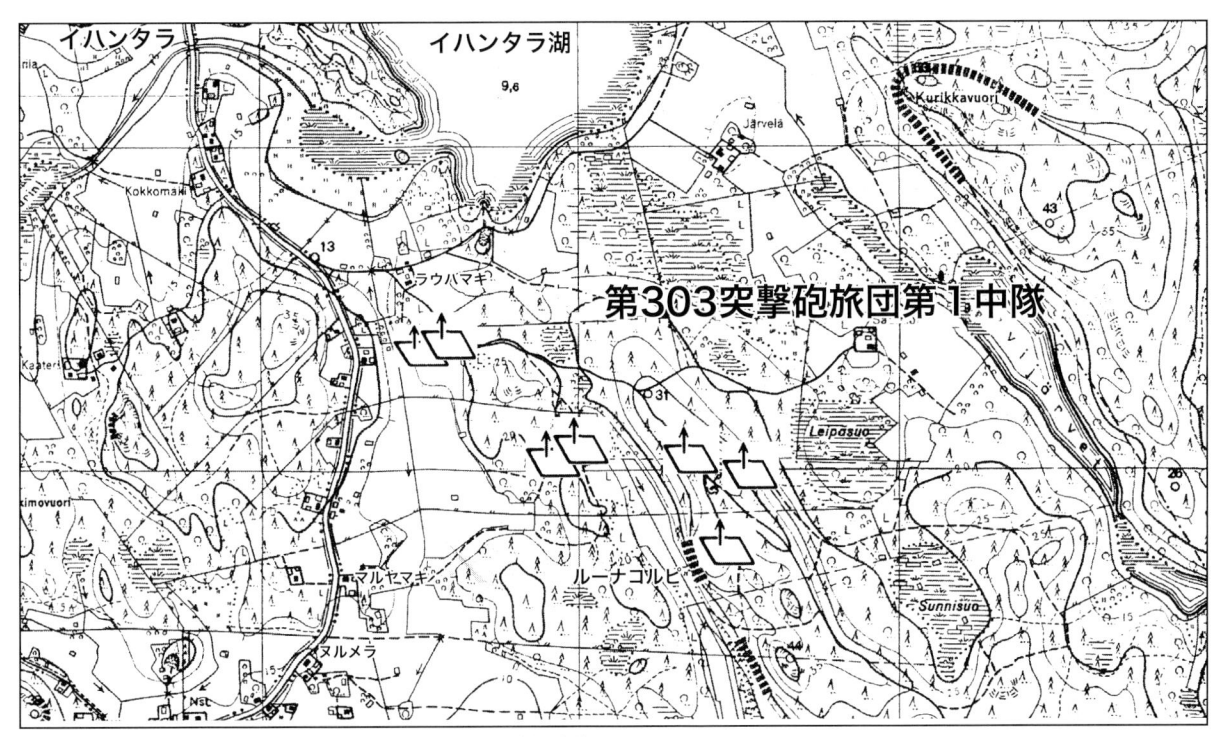

6月28日、ビョルクマン分遣隊の一部となった、第303突撃砲旅団第1中隊。

砲部隊は、たった1両の敵戦車を撃破しただけだった。

ソ連軍の強力な圧力は続き、ビョルクマン分遣隊の残りの部隊は、森の中に後退せざるを得なかった。強力な砲兵火力に支援されたソ連軍の攻撃は、北にイハンタラに向かって続けられた。ビョルクマン分遣隊の損害に関する情報はいまや高級司令部レベルに達していた。そして部隊を第6歩兵師団の一部と入れ替えることが決定された。その他、戦車師団の一部の部隊も同じく交替して、タリ～イハンタラの戦いに参加した。フィンランド軍の反撃は、6月29日には停止した。

いまや防衛に責任を負う新しい部隊は、第6歩兵師団にバトンタッチされた。この師団は以前は東カレリアで戦っていた部隊であった。6月28日夕方、第12歩兵連隊の反撃が開始されたが、このときフォルスベルグ分遣隊を支援し、第303突撃砲旅団第2中隊の突撃砲何両かが、イハンタラに残っていた。第12歩兵連隊の反撃を3両の突撃砲が支援した。連隊の一部はなんとかしてヴァッキラ道に到達したが、ドイツ軍に支援された部隊はマルヤマキ前面で撃破されてしまった。

6月29日朝8時、第12歩兵連隊の新たな攻撃が開始され、わずかな成功を収めた。午後になって第6師団の砲兵の支援を受けて、再び攻撃が行われた。攻撃に先立ってドイツ軍のJu-87シュトゥーカ急降下爆撃機数機が飛来し、ヴァッキラ道の攻撃目標を爆撃した。連隊の第2大隊は、ドイツ軍の突撃砲に支援されて、なんとかマルヤマキを奪い返した。しかしすぐに敵の激しい砲火にさらされて撤退せざるを得なかった。夕方には連隊は最初の攻撃発起点まで押し戻された。6月30日朝、部隊はイハンタラ湖の新しい主要防衛線まで後退した。

この地域では第3中隊の数両の突撃砲も、6月終わりの戦闘に参加している。6月29日の夜から朝にかけて、突撃砲は第12歩兵連隊の新しい防衛線を保持した。突撃砲はこの後同じ日にイハンタラ十字路の1kmほど北に移動した。ドイツ突撃砲の任務は、フィンランド軍防衛線をくぐり抜けて突破したソ連軍戦車をとにかく撃破することであった。前線の対戦車防衛任務は、パンツァーファーストおよびパンツァーシュレッケ対戦車火器を装備した歩兵部隊によって担われていた。フィンランド軍防衛線は次第に確固たるものとなり、どうやらドイツ軍が必要とされた唯一の場面は、6月30日の午後だけだったようだ。この日ドイツ軍の突撃砲は前線を突破した1両のソ連軍のT-34／76戦車を、近接距離で撃破した。この戦果を上げた突撃砲の車長にたいしては、1週間後に第1級フィ

6月30日にイハンタラ交差点からキルペーンヨキへ向かう道路近くで撮影されたドイツ軍の突撃砲。第303突撃砲旅団第3中隊の車両で、このうちの1両は、同じ日に写真の右隅の道路上で、数十メートルの距離からT-34に撃破された。車長はヴィリィ・オーベルドベル軍曹であった。

ンランド自由勲章が授与された。

　戦闘に加入していた第303突撃砲旅団の各中隊は、7月4日に戦線から引き上げられ第Ⅳ軍団に配属されることになった。しかし7月5日には旅団は、第6師団戦区の対戦車防衛のため、再び機甲師団に配属されることになった。ラガスは旅団の各中隊にイハンタラからキルペーンヨキに向かう道路沿いに布陣するように命令した。第1、第2中隊はイハンタラの北に入り、第3中隊はキルペーンヨキの北で予備となった。各中隊の2番目の任務は、イハンタラ村の主戦線を平穏に保ち南に向かう反撃の準備をすることであった。

　計画された反撃ルートは2つあった。ひとつはキルペーンヨキ～リーサーリ～ウーシトルッパ～キテルルユとイハンタラ道を南に向かうもので、ふたつ目は道路の西をイハンタラに向かうものであった。部隊はあらかじめ偵察と攻撃準備が命じられた。また彼らには突撃砲のための射撃陣地を掘削することも命じられた。しかし最後の任務は、かれらだけで実行するには荷が重い作業で、旅団にはフィンランド軍部隊の手助けが与えられた。軽歩兵旅団の1個中隊が陣地の掘削を行い、機甲師団の第2工兵大隊が突撃砲が使用するのに適した道路を構築した。第6師団は突撃砲の行動計画に合わせて、道路上の地雷原に配慮を加えた。突撃砲陣地の掘削と陣地の強化はかなり困難な作業だった。多くの旧旅団隊員が何十年もたっても、まだはっきりと覚えているくらいだった。

　休息や補給に時間はさかれたが、旅団には訓練をする時間が得られた。バルダウフ中尉の第2中隊は、タラバラで第2国境警備大隊といっしょに訓練を行った。この演習は、フィンランド突撃砲大隊第2中隊長のY.K.K.タルヴィティエ大尉の統括で行われた。

　両者の協力という面では、新しくドイツ語が話せる3人の連絡将校、ホルガー・ヴァルデン大尉、ゲルド・ペテル・シュッツ中尉、マウノ・ヨハンネス・ミッリカンガス中尉の派遣で改善された。

前ページと同じ突撃砲で同じ場所での撮影。道路上ではT–34が炎上している。

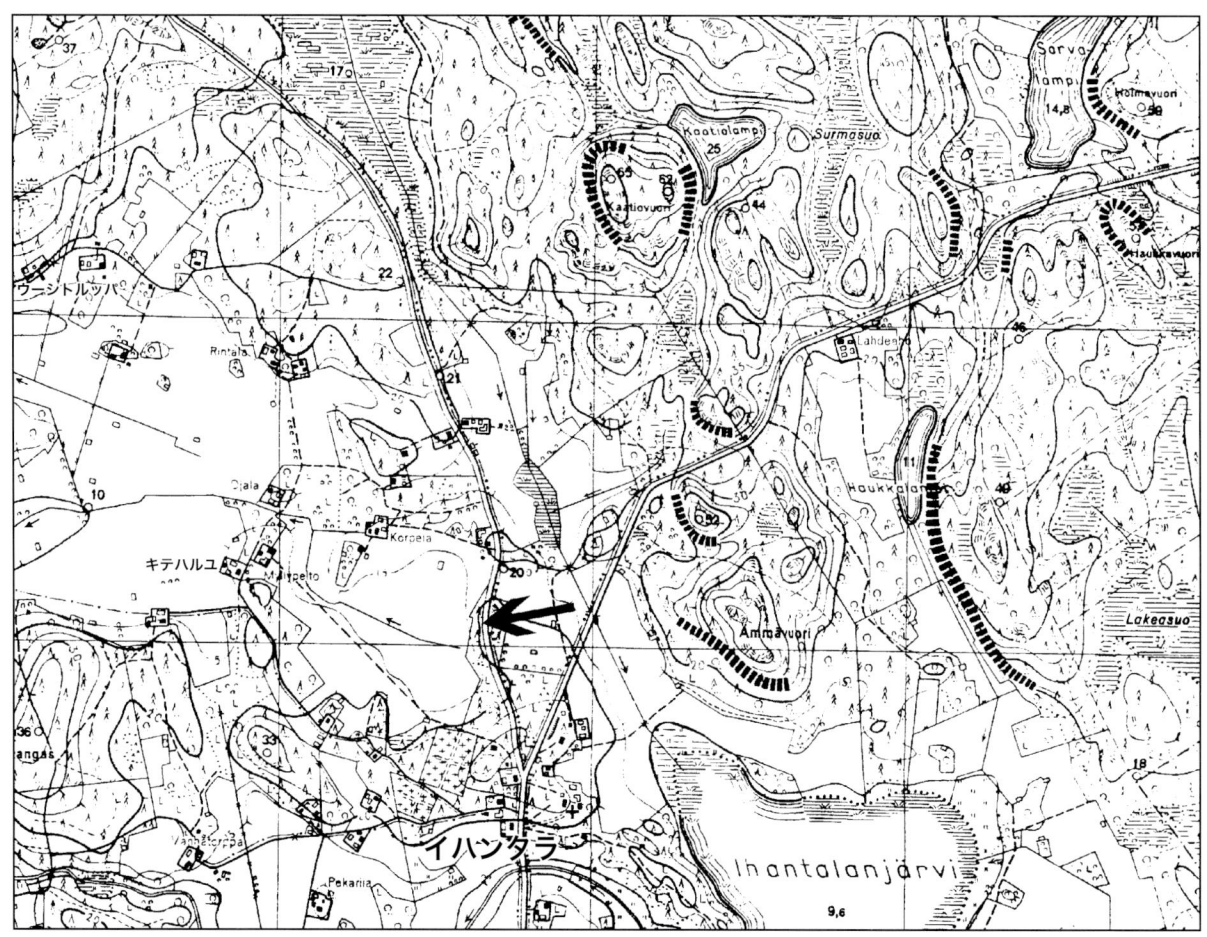

イハンタラの戦闘区域。前、前々ページの突撃砲は、矢印で示した場所で撮影された。

◆ヴオサルミの第303突撃砲旅団第3中隊

　7月初めには、ソ連軍の攻撃の重点は、ヴオサルミに変更された。ヴオサルミではフィンランド軍部隊は、ヴオクシ川の南北岸に沿った防衛線に集結していた。7月9日、ソ連軍は激しい戦闘の後ついにヴオクシ川を越えた。これを受けて、機甲師団の大部分をこの地域に送る命令が下された。7月10日、機甲師団の最初の部隊がヴオクセンランタの村に到着した。第303突撃砲旅団第3中隊にも、ヴオクシ戦線に向かう命令が発せられた。ペトリク中尉に率いられた中隊は、100kmにわたる道路行軍を避けるため、ヨウツェノからコルヨラまで鉄道で輸送された。中隊の最初の3両の突撃砲はハーパサーレンマキの北の陣地に入った。使用された突撃砲の数は、後に7両に増加した。

　機甲師団は、7月11日朝から川岸地域のソ連軍を排除する命令を受けた。師団は夜の間に命令を実行しようとしたが、ほとんど成功をおさめることができなかった。ドイツ軍中隊は前線の背後で、縦深の対戦車予備兵力として配置され、戦闘には使用されなかった。歩兵を支援して戦闘行動に使用されたのは、フィンランド軍の突撃砲大隊であった。

　ヴオサルミの戦闘は7月中旬まで続いた。この戦闘期間中、戦線は行きつ戻りつした。全般としてフィンランド軍は戦線を保持し続け、なんとかソ連軍が橋頭堡を広げるのを防ぎ抜いた。7月中旬にレニングラード戦線のソ連軍は、ドイツ戦線への移動を始めた。これはカレリア地峡での戦闘が、次第に下火となっていったことを意味した。第303突撃砲旅団第3中隊は、戦闘の初期には予備兵力であった。直接の戦闘行動を行わなかったにもかかわらず、中隊は空襲と砲撃によって若干の犠牲者を出した。例えばペトリク中尉は、

イハンタラでの主要な対戦車戦力は、パンツァーファーストとパンツァーシュレッケを使用する通常の歩兵であった。歩兵はドイツ軍の突撃砲やフィンランド対戦車砲の縦深防御を頼りに、陣地前面で戦った。下写真はフィンランド軍の75K/98-38対戦車砲。かなたの道路上にドイツ軍の突撃砲の撃破したT-34が炎上しているのに注目。ドイツ突撃砲は道路こちら側の窪地に陣取っていた。

ドイツ軍第1中隊の突撃榴弾砲42型、6月30日、イハンタラ交差点に向かう途中で、231、232ページの突撃砲の陣取った位置から数百メートル北で撮影されたもの。

7月12日の朝負傷した。同じ日にラガスは、中隊にたいしてすぐにカキサルミに移動するよう命令した。そこで中隊は第2歩兵師団に予備兵力として配属されることになった。中隊はタルヤラに配置され、カスキセルカ方向への反撃準備を行った。命令は7月25日夕方まで変更されなかった。この日カレリア地峡の部隊司令官のオエシュ中将は、中隊に旅団に戻るように命じた。

ヴオサルミ戦線の疲弊した部隊は、続く防衛戦闘の中で新しく元気な部隊と交替した。7月20日、機甲師団に所属する部隊の防衛陣地からの派遣が開始されたが、フィンランド突撃砲大隊とドイツ突撃砲旅団は現在地に留まった。

1944年8月は第303突撃砲旅団にとっては静かな日々が続いた。旅団は第3歩兵師団の対戦車予備兵力を務めた。前線での活動はほとんど終息しており、フィンランドとソ連の秘密の和平交渉はフルスピードで進められていた。旅団はフィンランド軍部隊とともに、デモンストレーションと演習に従事した。退役隊員の回想録によれば、隊員にはイマトラとラッペーンランタで休暇の許可が出たという。ある者は映画を見に行き、また他のものはドイツ製ウォッカを、ドイツ兵に人気のあったフィンランドの「プーッコ」と呼ばれる独特の狩猟ナイフとさかんに交換していた。

フィンランド軍司令部にいたドイツ軍の連絡将校のヴァルデマー・エアフアスト将軍は、8月21日に旅団を訪問し隊員と話をかわした。旅団はちょうど司令部に戻ったシェーアー大尉によって、将軍にたいする閲兵が行われた。士官達と同席した野外での夕食の後、エアフアストとシェーアーは、第6師団司令官のプロマ大佐の指揮所を訪ねた。

フィンランドとソ連の秘密和平交渉は、1944年9月2日に了解に達した。停戦になりそうだという噂は、即座に国中に広がった。これは第303旅団の隊員にはおおいに心配の種となった。というのも旅団はフィンランド軍の中に、ぽつんとたったひとつ取り残された

ドイツ軍部隊だったのである。1週間前のルーマニアの事態とそこのドイツ軍部隊に起こったことは、すでに隊員にとって警鐘を鳴らす結果となっていた。前線に届いた最初の休戦条件では、ドイツとの関係を即座に切断することが示されており、これは真の脅威といえた。

エアファスト将軍は9月3日に、旅団をフィンランドから移送する手配を整えた。輸送は困難ではなくフィンランド人も協力した。これは驚くようなことではない。というのもフィンランド南部からドイツ軍部隊がいなくなるのはフィンランドにとってもメリットがあったからだ。旅団は鉄道でヘルシンキに輸送され、そこでスマトラ号に船積みされ、9月7日にリガに向けて出港した。これはドイツ軍の最初の退却輸送であり、大勢のフィンランド市民がかれらを見送った。

◆第303突撃砲旅団の重要性

戦後のフィンランド軍事史では、第303突撃砲旅団はほとんど注意を払われていない。その存在そのものはもちろん知られているし、多くの一般の歴史書でさえ触れられている。しかし部隊に関する詳細な歴史は、わずかに断片的な記載があるだけである。大きな理由は関係資料が不足していることだろう。旅団はフィンランドの資料には、比較的少ない記述しかない。戦車師団と第2師団の記録文書には、いくらかの情報が発見できる。旅団自身の作成した記録文書はまだ発見されておらず、今のところ筆者は利用できない。

フィンランドにおける第303突撃砲旅団の作戦の成果は、一般的にはあまり意味がなかったと考えられている。最も手厳しいステレオタイプの見方はすでに払拭されている。彼らは、旅団は訓練未了の若い兵員で構成され、士気は低く、ほとんど戦闘経験をもたなかったと言う。しかしこうした主張は簡単に反駁できる。旅団はフィンランドに派遣される前に、すでに4ヵ月の前線勤務の経験を有していた。バルト地域でのソ連軍との戦闘経験は、隊員にしっかりと刻み付けられたはずである。隊員はフィンランド軍の突撃砲部隊員より確実に多くの経験を持っていた。フィンランド軍突撃砲大隊は、1944年6月のソ連軍の攻勢以前には、前線勤務の経験を持っていなかった。ドイツ軍がフィンランドに到着したとき、フィンランド軍突撃砲大隊はちょうど1週間行動したところだった。

残念ながら資料の不足から隊員について特別なことを語ることはできない。しかしそのうちの何人かはかなり経験を有していたはずだ。士官と古参下士官については彼らのキャリアについて記述した、簡単な個人記録が存在する。

やはり資料の不足から、部隊の士気については何

カレリア地峡のいずこかで撮影されたドイツ軍の突撃砲。

ヘルシンキで船積みされる、ドイツ軍の突撃砲。

も語ることはできない。一般的にはドイツ軍部隊は、1944年夏にはまだ高い士気を保っていた。これに加えて突撃砲部隊はエリート部隊であった。もちろんドイツ軍がフィンランドでも、東部戦線の他の場所と同じようなふるまうことを期待するのは難しいだろう。1944年の秋、クーアラントでの激しい戦闘の後、旅団の状況はますます悪化していった。シェーアー大尉が負傷した後旅団長となったカール・モアグナー大尉は、旅団は極めて弱体化したと語っている。その理由は彼によれば、旅団がクーアラント戦線のいくつかの地域に細切れにされ、ばらばらにばらまかれてしまったこととされる。

旅団はしばしばフィンランド軍の同じ部隊、突撃砲大隊と比較される。突撃砲大隊のあげた戦果は、第303突撃砲旅団の上げた戦果よりはるかに大きい。この理由は完全にその戦闘における使用方法の違いである。フィンランド軍の突撃砲は、かなり無慈悲に使われたのにたいして、ドイツ軍突撃砲は6月の終わりにほんの少し戦闘に加入したに過ぎないのだ。

本当の理由は戦術の違いに見いだせるのではないだろうか。ドイツ人にとって突撃砲は反撃の中心戦力であり、移動する対戦車予備兵力であった。攻撃が決せられて後は新しい目標に移動するか、少なくとも最前線からは引き上げられる。フィンランド軍では多くの

カレリア地峡のいずこかの森林内のドイツ軍突撃砲。この地勢は突撃砲には適した地形ではなかった。

場合、突撃砲を前線の対戦車砲として用いてそのまま留め置いた。こうして突撃砲は、敵砲火にさらされた脆弱な状態で放置された。ドイツ軍の戦術は、7月のヴオサルミの戦いまで、フィンランド軍には採用されなかった。ドイツ人とフィンランド人が、突撃砲を別々な方法で使用したため、比較したときこれほどの差が生じる結果となったのである。

　カレリア地峡の地形も、ドイツ軍にとって問題となった。ドイツ軍突撃砲が使用された地形も、戦車の運用に適したものではなかった。同じ理由でソ連軍の前進も難しかった。ドイツ軍の戦術によれば、突撃砲やその他の装甲車両は火力を最大に発揮できるようにするため、広範囲に広がって使用されるべきである。しかしカレリア地峡では突撃砲は利用できるいくつかの道路に縛り付けられ、このため一列になって行動し

その先頭の車両しか効果的に武器を使用することができなかった。交戦距離もまた比較的に短かった。このため性能の良いドイツの光学装置もその利点を発揮できなかったのである。

　結論として、第303突撃砲旅団第3中隊長のペトリック中尉に登場願おう。1944年7月終わり、ペトリックは、カレリア地峡での突撃砲の運用についての彼の意見を披露している。

「カレリア地峡では、ソ連が戦車を大量に使用することは不可能だった。彼らは攻撃のために歩兵を使用し、戦車は支援車両としてのみ派遣された。そして時間がたつにつれ、ソ連戦車と対戦車砲による、敵の行動を妨害するための砲火は激しくなっていくのが感じられた。カレリア地峡の地形は突撃砲の運用を制限した。森林に覆われた地形は、少なくとも以下のような欠点

これは開けた地形で長射程が取れる、突撃砲に適した地形である。写真は攻撃中のフィンランド軍突撃砲。

を有していた。

　突撃砲は展開し、あるいは戦闘隊形をとって集結することができなかった。突撃砲はお互い一列になって前進するしかなかった。ほとんどの場合、砲の射界は非常に限られた範囲でしかなかった。榴弾の破片は随伴する歩兵にとっても危険であった。近接戦闘では突撃砲は効率的に運用できなかった。多くの場合、敵の対戦車班は突撃砲に近づくことができ、容易に突撃砲を破壊した。これはイハンタラでのフィンランド軍の近接戦闘対戦車班の戦果によっても示されている。彼らはフィンランド軍の対戦車砲より多くの敵戦車を撃破したのである。突撃砲は、敵歩兵たいして車体を防御することができる、機関銃を装備していなかった（訳者註：Ⅲ号突撃砲Ｇ型は戦闘室上に機関銃を装備できるが、車内装備の機関銃がないという意味だろう）。森林地帯では突撃砲の砲旋回範囲の制限は、戦車よりも大きなハンディキャップとなった。

　フィンランドの地形はどこであっても突撃砲の自由な運用を不可能にした。湿ったあるいは乾いた土地も沼地のみならず、岩やごつごつした荒れ地もすべて、完全な対戦車障害物となった。岩がちの道路はエンジンと履帯に負担をかけた。1944年6月30日にイハンタラでは、わずか1時間の間に旅団から5両もの突撃砲が、履帯の破損のため一時的に脱落したのである。

　突撃砲が効果的に運用されるために最重要な条件は、歩兵との密接な協力である。指揮官は前もって協力について話し合って置くことが絶対的に重要である。フィンランド軍歩兵は突撃砲に関してほとんど全く経験がなかった。そして言語の問題は致命的な誤解を招いた可能性がある。この理由からそれぞれの中隊には、中隊とフィンランド軍歩兵部隊との連絡を維持するために、フィンランド軍の連絡将校が派遣された。この種の連絡将校は、非常に有益であることが明らかになった。それぞれの中隊には通訳も配置されていた。彼らの任務はドイツ軍とフィンランド軍の補給部隊の協力を円滑に行うことであった。

　フィンランド軍の高位の軍司令官は、突撃砲の展開と使用について正しい認識を持っていたようであっ

た。

　２つの作戦様式が彼らによって有効であることが確認されていた。ひとつ目は歩兵部隊だけで行われた敵の攻撃に対する反撃である。ふたつ目は圧倒的な敵戦車群にたいする、あらかじめ十分良好に準備された陣地からの反撃である。一般的に言って突撃砲の作戦するための主要な条件は、行動前に地形について十分偵察することである。」

　残念ながら旅団のフィンランドにおける損害について知ることのできる記録はない。少なくとも士官２名、下士官、兵５名がフィンランドで負傷したことが知られている。記憶によれば、２名の兵が空襲で戦死し、ラッペーンランタで埋葬されたという。この損失はおそらく実際のごく一部にすぎないだろう。このため結論は出せないのである。

　結語として1944年６月終わりの戦闘行動で、フィンランド自由勲章を受章した、第303突撃砲旅団のドイツ兵を列挙したい。

上級曹長
　グスタフ・ブローマン　　　　第３中隊
上級曹長
　カール・フォアベルク　　　　第２中隊
軍曹
　カール・フォアスター　　　　第１中隊
軍曹
　ヴィリィ・オーベルドーベル　第３中隊
軍曹
　ゲオアグ・ヴェンデ　　　　　第２中隊
兵長
　ロベアト・マーアレ　　　　　第１中隊
上等兵
　ロベアト・トームス　　　　　第３中隊
上等兵
　ルードヴィヒ・リンゲルマン　第２中隊
上等兵
　ハインツ・ラッシュ　　　　　第１中隊

　当時の旅団長カアデネオ大尉は、1944年６月にフィンランド第３級自由十字章を受賞した。

1944年６月、ラッペーンランタの第303突撃砲旅団の突撃砲。

ラッペーンランタのドイツ軍突撃砲。

225ページと同じシュビムワーゲン。ヘルシンキ・ウルヨン通りのトルニホテルの近くで撮影されたもの。

7月1日、ラッペーンランタで撮影された第303突撃砲大隊の車両。防御力強化のため戦闘室前面にコンクリートが盛られている。同様な例はフィンランド軍の突撃砲にも見られる。泥よけ上に描かれた白の「W」の文字にも注目されたい。

カレリア地峡および南東フィンランド。ここで第303突撃砲旅団と第1122突撃砲大隊が行動した。

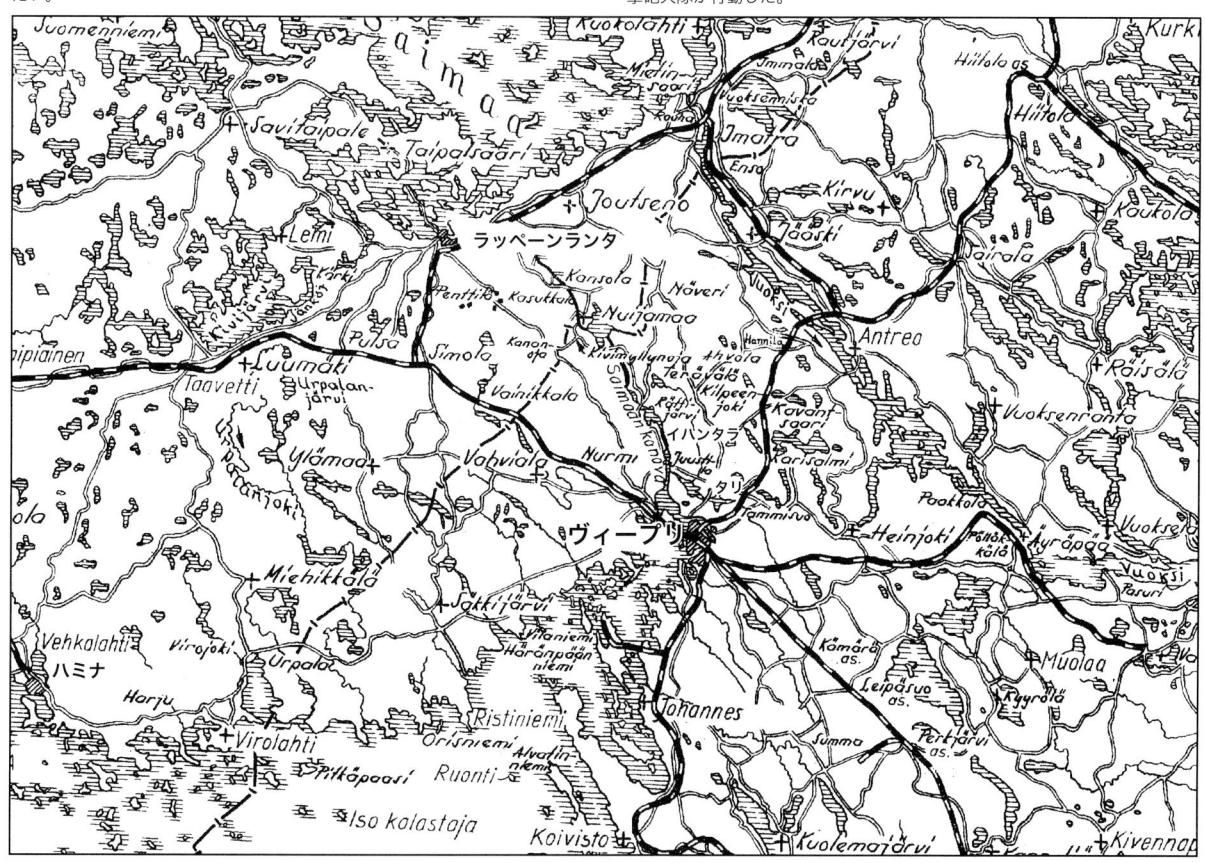

カレリア地峡のドイツ軍の突撃砲。

第303突撃砲旅団のSd.Kfz9 18ｔハーフトラック。

カレリア地峡の道路上で撮影されたドイツ軍突撃砲。操縦手視察口上に増加装甲板が取り付けられ、車体側面に丸太が載せられているが、これはフィンランド軍の突撃砲にも見られる装備だ。

カレリア地峡の道路上を行く、ドイツ軍突撃砲。

カレリア地峡で撮影されたドイツ軍のトラックと突撃砲。

クルトレーネアト兵長の兵隊手帳より開いた2ページ。彼は第303突撃砲旅団第2中隊に、操縦手として勤務した。公式にはフィンランドに旅団が展開した期間は、「1944.6.22.～9.3. フィンランド南カレリアでの防衛戦闘」と名付けられている。（オリジナル：ルーゼルW.シュルケJr）

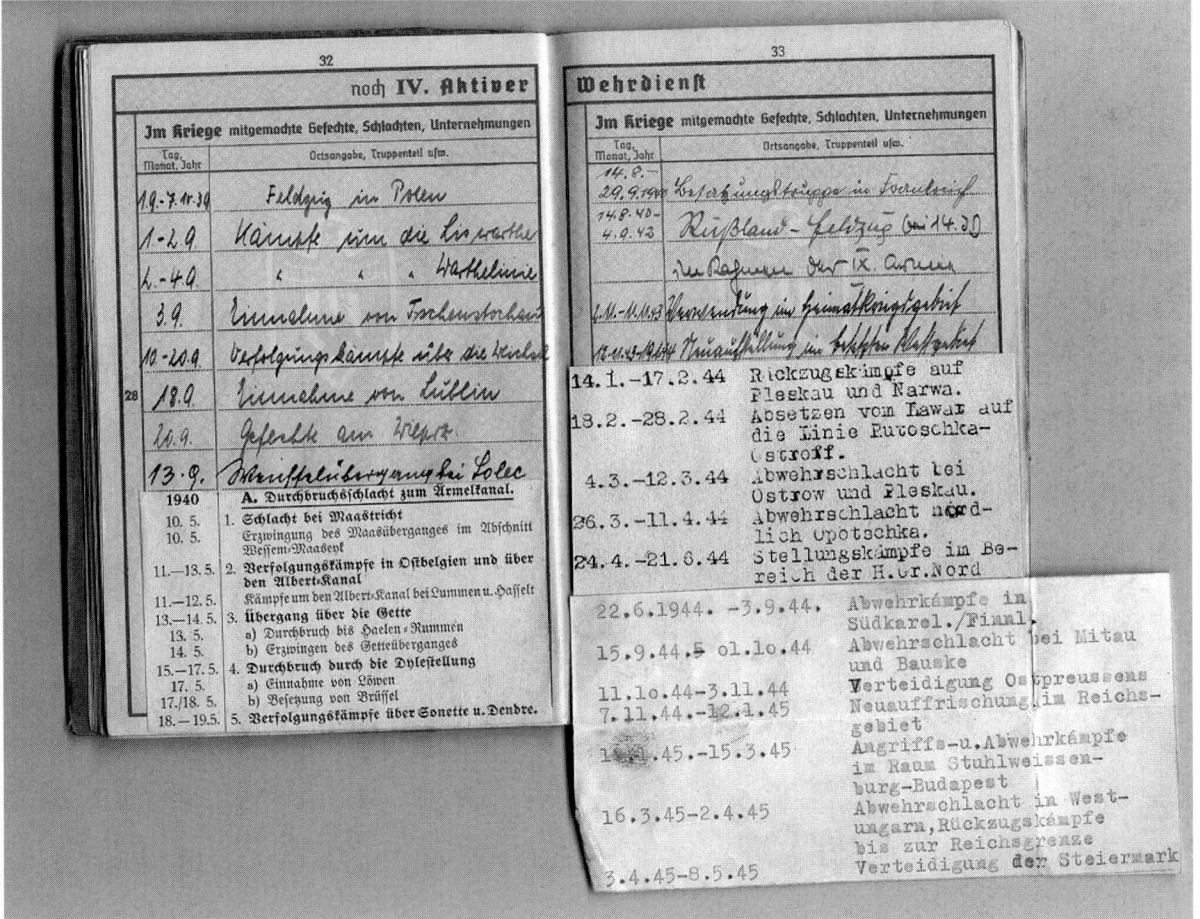

第1122突撃砲大隊

　1944年6月10日、フィンランドにたいするソ連軍の大攻勢が開始されたことが明らかになった。このためフィンランドは、ドイツに武器と、後に6月19日になって、支援の部隊の派遣を照会することになる。第303突撃砲旅団については、前に紹介したが、最初に到着したドイツ軍部隊のひとつであった。しかしフィンランドに派遣されたドイツ軍で最大の部隊は、第122歩兵師団であった。この師団は当時の典型的な歩兵師団で、東部戦線の戦闘経験を有していた。師団は以前にエストニア東部で戦いフィンランドへの移送時には、ナルヴァの西のヨフヴィの近くで休養と再編中であった。

　6月20日午後2時30分、陸軍総司令部は北方軍集団にたいして、1個突撃砲旅団と1個歩兵師団をフィンランドにできるだけ早く派遣するよう命じた。この命令はナルヴァ軍管区に午後8時50分に到着し、第303突撃砲旅団はタリンに出発することになった。タリンから部隊は船でヘルシンキに渡り、最初の分遣隊は6月22日に到着した。

　第122歩兵師団の移動にはもう少し長い準備期間が必要だった。しかしこの師団の最初の部隊は6月23日にタリンを出発した。フィンランドの大地を踏んだ

ヴィープリ湾周辺のいずこか、おそらくヴィープリ〜ハミナ道上で撮影された、第1122突撃砲大隊のIV号突撃砲。

第1122突撃砲大隊の突撃砲の何両かは、7月にサッキヤルヴィで行われた展示演習に参加した。

最初の部隊は、師団本部と通信部隊と対戦車部隊の一部であった。全師団、10609名の人員、4008頭の馬、2333両の車両、3774tの補給物資のヘルシンキへの船舶輸送には数日かかった。部隊はヘルシンキに到着するとすぐに、鉄道でサッキヤルヴィ方面に向かって東に輸送された。

第44歩兵師団の編成表を参考にすると、この師団は対戦車大隊の一部として10両の突撃砲を持つ突撃砲分遣隊を持つことになっていた。しかし理由は不明だが、第122師団はエストニアではこの部隊を保有していなかった。しかし師団はすぐに突撃砲分遣隊、第1329突撃砲大隊をラトビアのミーラウから派遣されて増強されることになる。この部隊はもともとラトビアで休養していた第329歩兵師団に配属されていたものであった。

第1329突撃砲大隊は、1943年秋に編成された部隊であった。第122歩兵師団は突撃砲部隊の代わりに、第329師団にたいして牽引式の第2対戦車中隊を譲っている。

第1329突撃砲大隊の番号は、後に1944年7月に1122に変更されている。これはこの部隊が第122歩兵師団の継続的な所属部隊になったことを示している。大隊というのはドイツ軍の軍事的技術用語では、通常は大隊サイズの部隊、分遣隊を意味する。どちらにしても大隊はいくつかの中隊からなる。しかし第1329（後に1122）突撃砲大隊について語るとき、これは誤解を招く。というのも問題はこの大隊はわずか10両の突撃砲しか持たない、中隊サイズの部隊だからだ。

突撃砲大隊という名前が、歩兵師団の対戦車大隊として使用されるようになったのは、1944年2月からである。一方で対戦車大隊は戦車猟兵大隊と呼ばれるようになった。例えば第122歩兵師団は第122戦車猟兵大隊を保有している。しかし突撃砲大隊の指揮官が、大隊指揮官のそれではなく、ちょうど中隊指揮官の位で中隊指揮官としての指揮権しか持たなかったのは明らかである。この用語上の混同はすでに戦争中にも問題になったであろうが、戦後は確実に研究者を悩ませ

サッキヤルヴィで突撃砲はフィンランド軍士官に展覧された。

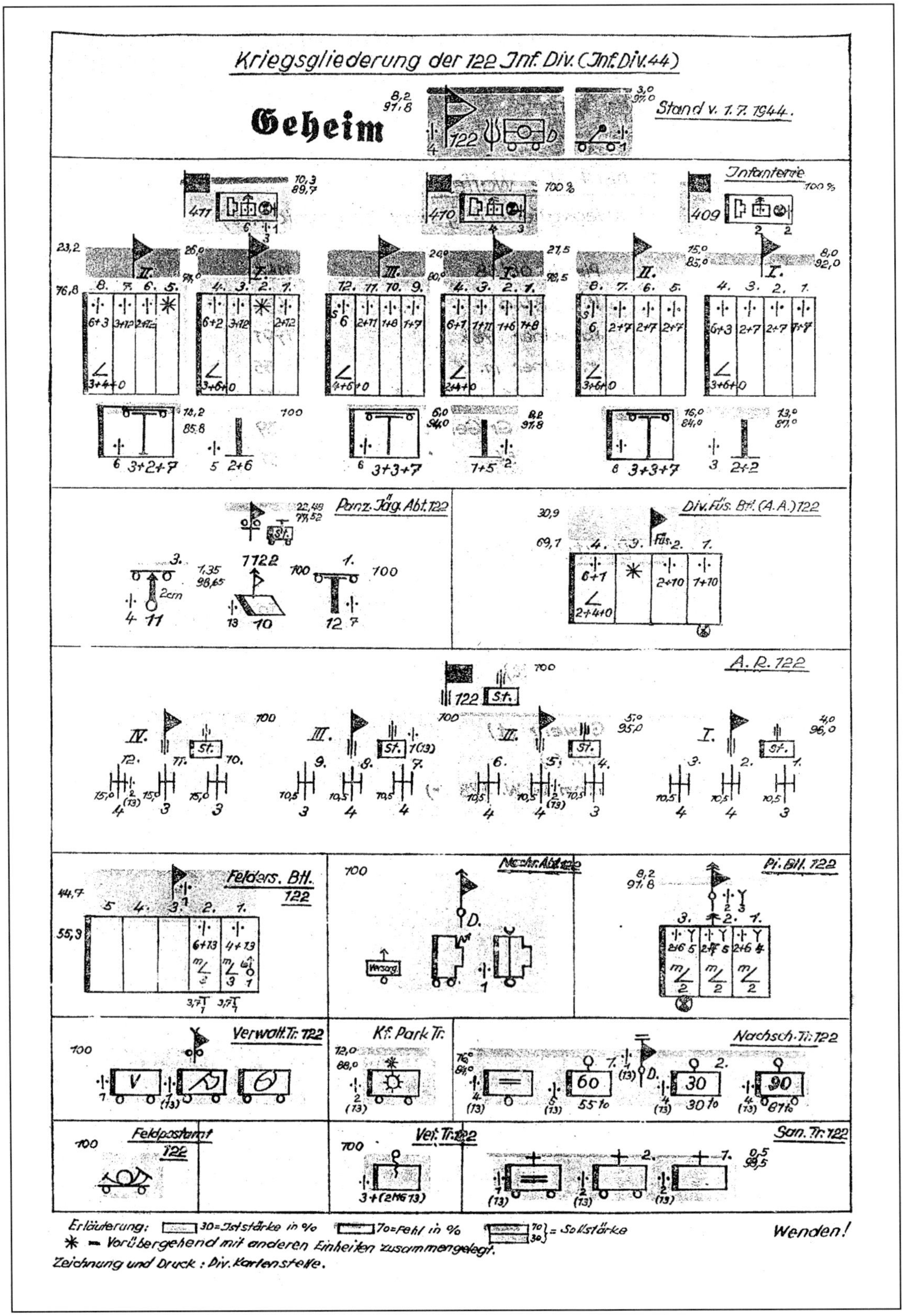
Kriegsgliederung der 122 Inf. Div. (Inf. Div. 44)
Geheim
Stand v. 1. 7. 1944.
Infanterie
477
410
409
Panz. Jäg. Abt. 122
Div. Füs. Btl. (A. A.) 122
A. R. 122
Feldders. Btl. 122
Nachr. Abt. 122
Pi. Btl. 122
Verwalt. Tr. 122
Kf. Park Tr.
Nachsch. Tr. 122
Feldpostamt 122
Vet. Tr. 122
San. Tr. 122
Erläuterung: 30 = Iststärke in % 70 = Fehl in % 70/30 = Sollstärke
✱ = Vorübergehend mit anderen Einheiten zusammengelegt.
Zeichnung und Druck: Div. Kartenstelle.
Wenden!

ることになった。しかしこれは戦争後期のドイツ軍には、典型的な事例ではある。

　第1122突撃砲大隊は、こういうわけで実際には10両の突撃砲を保有するだけの中隊サイズの部隊であった。装備されていた突撃砲はIV号突撃砲であり、これは非常に珍しいケースで、通常の部隊はIII号戦車をベースにしたIII号突撃砲を装備している。IV号突撃砲のベース車体はIV号戦車であるが、III号突撃砲、IV号突撃砲ともに同じ7.5cmの主砲を装備している。

　この種の部隊の編成表によれば、大隊は以下の車両を装備していたと考えられる。

サイドカーつきオートバイ	4両
乗用車	7両
トラック	12両
マウルティアーハーフトラック	3両
牽引用ハーフトラック	2両

　フィンランドにおける、実際の正確な車両数は知られていない。出発時に大隊は少なくとも14両の車両からなっていた。これは本来大隊が保有すべき車両数の半分であった。これは奇妙に思える。おおいにありそうなことは、部隊は編成表に載せられた車両の数はそろっていたのであろうが、それが編成表にあるタイプと合致していなかったのではないだろうか。

　部隊の人員数は、編成表によれば以下になる。

上写真。春の花咲く中、サッキヤルヴィで撮影されたドイツ軍の突撃砲。前ページは、1944年7月1日付けの、第122歩兵師団の編成表。師団所属部隊がシンボルで印刷されている。師団は普通の1944年型歩兵師団で、師団の支援部隊として第122戦車駆逐大隊が配属されていることに注目。そこには1122の数字の下に、師団所属の突撃砲中隊を意味する菱形の記号が見える。記号とともに、中隊には10両の突撃砲と13挺の機関銃が配備されていることが示されている。部隊の番号も興味深いところで、1122と師団の数字に千の位が追加されている。これはこの種の師団所属部隊に関する通常のやり方である。ここではもう1329という番号は、もう消えてなくなっている。

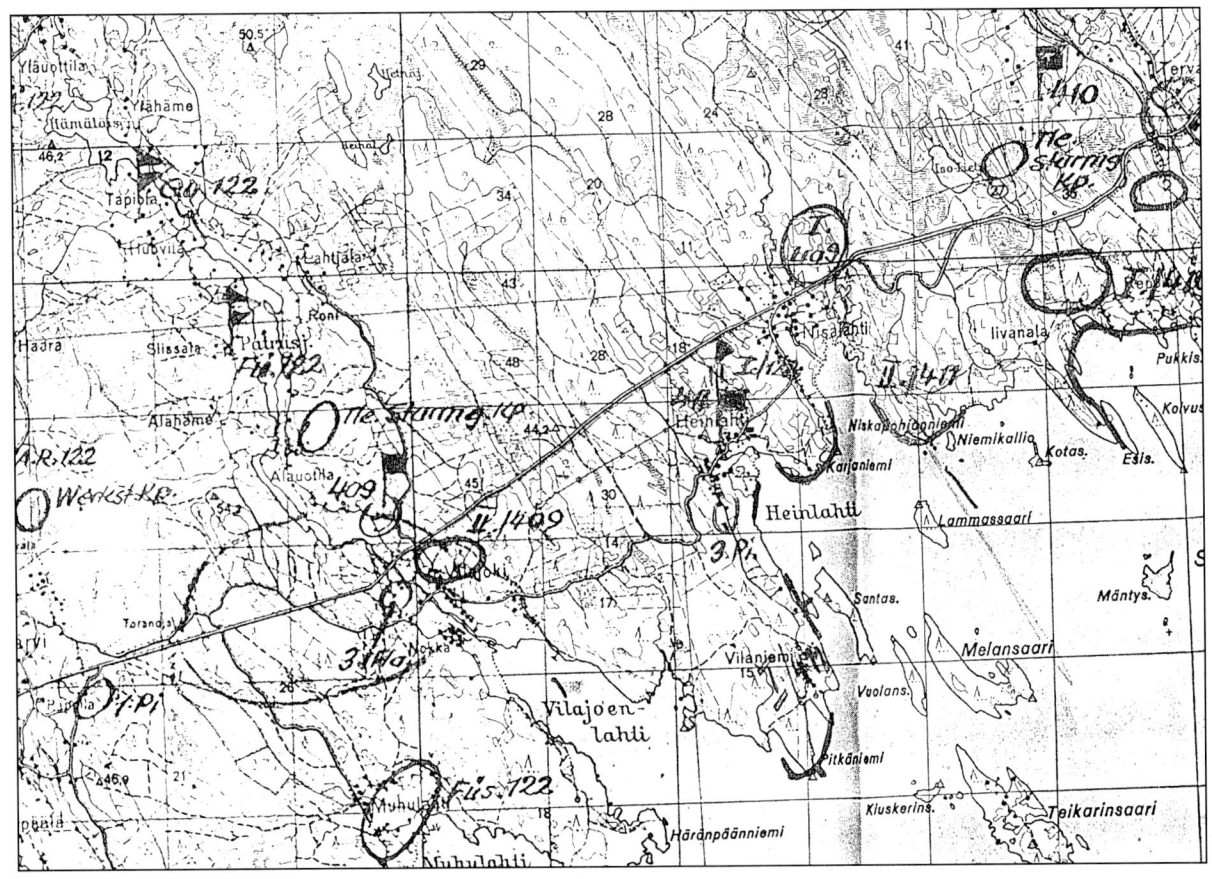

1944年7月の戦時日誌地図。部隊の配置場所が示されている。第1122突撃砲大隊はヴィープリ湾周辺地域で任務についた。地図上の「Tle.Sturmg.KP」の印が突撃砲の展開地点を表す。

士官	3名
下士官	44名
兵	72名

合計119名

　第1122突撃砲大隊の人員状況について唯一知られているデータは、1944年7月終わりに師団全部がフィンランドを去ったときのものである。このときに部隊は、士官3名と下士官その他兵115名で、合計118名の人員を保有していた。部隊がフィンランドに展開していた間の損失については知ることができない。第1122突撃砲大隊の指揮官はジークフリート・グッツァイト大尉であった。

　第1122突撃砲大隊は、第122師団の最後の積み荷の一部として、タリンからヘルシンキまで船舶輸送され、6月30日にヘルシンキに到着した。部隊には戦車を整備保守する第918戦車修理小隊も付属していた。突撃砲は鉄道で東に輸送され、ターヴェッティ、カイトヤルヴィまたはソメルヤルヴィのどれかの駅で降ろされた。

　もともとの突撃砲の使用意図はヴィープリからハミナへつながる主要街道を確保することであった。この配置はまた、予想される敵の突破にたいする防衛戦闘や反撃に使用することも可能だった。1944年7月2日、第1122突撃砲大隊ヌイヤマーの南3kmのカナノヤのあたりに配置されていた。このとき第122戦車猟兵大隊全体の指揮所は、ウラウルパラの東2kmに置かれた。

　2日後、何両かの突撃砲はアラウオティラに配置されたが、残りはタルヴァヨキの西2kmに置かれた。第122歩兵師団はこのとき、それまでフィンランド軍騎兵師団が配置されていた沿岸部の防衛を担当していた。この変更は7月6日に着手され、翌日に引き続いて実行された。同時にドイツ軍はウーラス諸島の戦闘にも加わった。

サッキヤルヴィで撮影された、第1122突撃砲大隊の２両のⅣ号突撃砲。

1944年7月2日のヴィープリ湾の戦闘地域とドイツ軍部隊。突撃砲は全く示されていないが、第1122突撃砲大隊はこのときカナノヤにいた。

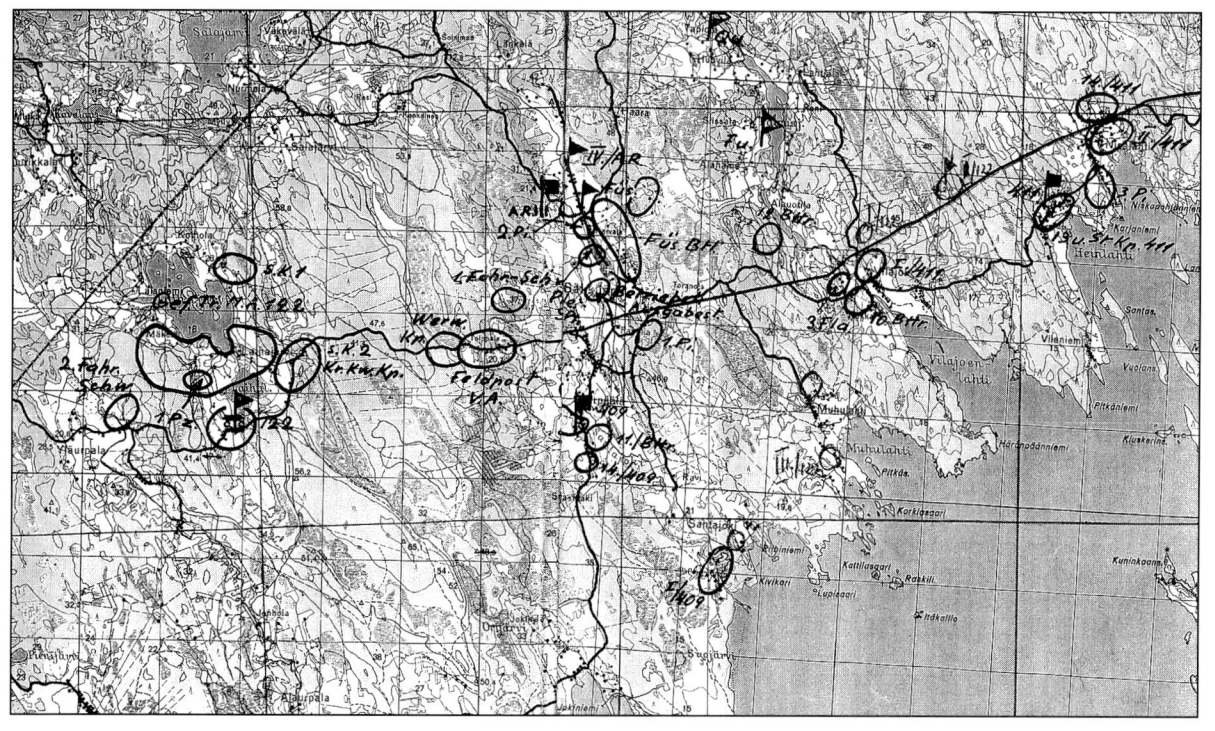

サッキヤルヴィでの突撃砲。

　7月6〜7日、第122歩兵師団は、ソ連第59軍の部隊にたいして、ヴィープリ湾西岸を防衛して激しい戦闘を行った。この戦闘は沿岸と島嶼部の双方で生起した。フィンランド軍と第122師団の両砲兵は、戦闘に効果的に加わった。突撃砲がこの戦闘に加入したという記録はない。おそらく彼らは主要街道を確保する任務を続けていたのではないだろうか。戦闘が行われた地域の地形では、突撃砲部隊が行動することは困難だったろう。

　赤軍との激しい全面的戦闘は、さらに2日間にわたって続いた。最も激しい圧力が第122師団に加えられた。師団のかなり弱体な3個歩兵連隊と1個歩兵大隊は、いまやニサラハティからポルカンサーリ間を防衛する主力となった。敵の圧力が加えられた地点はタルヴァヨキであった。ドイツ軍師団の部隊は、砲撃と反撃の助けを借りて、なんとかソ連軍の攻撃から守り抜いた。最終的にソ連軍の攻撃は停止され、ソ連は部隊を他の戦線に移動させ始めた。

　戦闘に突撃砲が使用された記録はここでも発見できない。これにより彼らがやはり主要街道の警備を続け

たという結論が導かれる。第122師団の歩兵は、主として街道の南に陣地を確保した。一方砲兵は街道の北に陣取った。師団の補給段列は砲兵の背後に置かれた。師団長のブロイシンク少将が、彼の高速で強力な突撃砲を、重要な道路交通の確保の任務にあてたのは自然に思える。

　第122師団の戦闘は、ヴィープリ湾の状況が安定したことで沈静化した。記録によれば突撃砲は7月18日には、以下の場所に配置されていた。テルヴァヨキに3両、小リエト湖に5両である。残りの2両の場所は不明であるが、第122戦車猟兵大隊の指令所に置かれたか整備保守中だったのだろう。

　フィンランドの状況が安定した一方で、エストニアの北方軍集団戦区の状況はかなり悪化した。ドイツ軍は、7月28日に第122師団をエストニアに呼び戻すよう要請しなければならなかった。マンネルヘイムはこれを了承し、師団は前線から引き上げられ、1944年7月30日にエストニアへの船舶輸送が開始された。

　師団全部の鉄道輸送には、10編成の列車が必要であった。第1122突撃砲大隊の最初の3両の突撃砲が

突撃砲に興味を示すフィンランド軍士官。サッキヤルヴィにて。

ヴァイニッカラを発ったのは、7月31日であった。残余は8月2日まで待たねばならず、ムルミで積み込まれた。続く数日で師団はハンコからタリンへ船舶輸送された。

　師団の主要部分は鉄道でタリンから、エストニア南部のヴァルカの周辺に輸送された。そこで師団はソ連軍との激しい戦闘に従事しラトビアに撤退、最終的にはクーアランドで包囲され、1945年5月8日にソ連軍に降伏した。

　第1122突撃砲大隊は、師団のすべての戦闘に参加した。突撃砲の1両の車長、エヴァルト・ライネッケ軍曹は、1944年11月に鉄十字章に騎士十字章が加えられた。1945年4月にはルドルフ・ケトマン軍曹が2番目の騎士十字章を与えられた。全大隊の指揮官グツァイト大尉は、1944年12月にドイツ陸軍感状を授与された。

　第122歩兵師団参謀長は、フィンランドに展開していた時期について、次のような言葉で記述している。「フィンランドでの作戦は、部隊にとって非常におもしろい変化を与えてくれた。多くの湖が点在する森林地帯への滞在は、ほとんど言うべき戦いもなく、部隊員にはいい休養になった。」

◆ フィンランドに到着しなかった突撃砲部隊

　本書ですでに記述されたように、1944年6～7月にフィンランドには2つの突撃砲部隊が到着した。これら実際に到着した部隊に加えて、ドイツはいくつかこの他の部隊の派遣を約束した。しかしこれらの部隊は彼ら自身の戦線での困難が高まり、部隊が留まることが必要となったため、けっしてフィンランドに到着することはなかった。マンネルヘイムはさらに部隊派遣の要請を続け、6月30日には1個突撃砲旅団と1個歩兵師団の要請を行った。

　1944年6月19日の1個突撃砲旅団の公式要請の後、フィンランド軍には第303突撃砲旅団の支援が与えられた。数日後にアドルフ・ヒットラーは、別の突撃砲旅団と1個歩兵師団の派遣を決定した。後者は約束が守られ、第122歩兵師団がフィンランドに送られ

た。
　1944年7月5日、フィンランドは新しい突撃砲旅団がフィンランドに派遣されることを知らされた。この部隊は第202突撃砲旅団であった。部隊は7月の始めにドイツ沿岸部を鉄道輸送され、バルト地区を通ってフィンランドに行軍する指示が出された。しかし輸送はダンチヒ（現在のグダンスク）でストップされ、送り先はヴィルニュスとラトビアのドゥナブルク（現在のドウガウピルス）に変更された。当時この戦線は崩壊に瀕していたのである。フィンランドは7月18日に状況を知らされ、この部隊はフィンランドに来ることはなかった。
　第202突撃砲旅団はフィンランドに派遣される前に、10週間に渡る休養と補給期間が与えられた。部隊は1941年9月に編成されており、非常に経験豊富

であった。部隊の手練は敵戦車の破壊数で示されている。その数は1944年終わりクーアラントで、1000両にも達していた。
　第3の突撃砲旅団もフィンランドに輸送される予定となっていた。この部隊は第261突撃砲旅団で、7月21日にポーゼン（現在のポズナニ）で、行軍準備を整えていた。同じ日に部隊をフィンランドに送る命令は取り消され、部隊はどこか別の場所で使用された。第261突撃砲旅団は、1943年7月に編成され東部戦線で戦ってきた。第202突撃砲旅団と同様に、第261突撃砲旅団は経験のある戦闘能力の高い部隊であった。
　同時にドイツは第122歩兵師団に所属する第1122突撃砲大隊を中隊サイズの突撃砲部隊を増備して、旅団サイズに拡大することも約束していた。しかしこれ

ヴィープリ湾地域で疾走する第1122突撃砲大隊のIV号突撃砲。おそらくヴィープリ〜ハミナ間で撮影されたもの。完全装備の「シェルツェン」と開いているステアリングブレーキ点検ハッチに注目。

は実現せず、7月22日にドイツはフィンランドに予定されていた第1299突撃砲大隊は東部戦線の難局のため、フィンランドに送ることはできないと知らせてきた。予定されていたというこの部隊は、おそらく第1122突撃砲大隊と同じようなものだったろう。

　これら2個突撃砲旅団と1個突撃砲大隊は、フィンランドに到着することはなかったが、非常に強力な衝撃部隊であり、フィンランドに到着していればフィンランドにとって大きな意義をもたらしただろう。1944年夏のカレリア地峡での戦いで、フィンランド軍にとって重要任務のひとつはソ連軍戦車にたいする対戦車防衛戦闘であったからだ。しかしこれらのドイツ軍部隊が前線に到着できたのは、早くとも7月終わりであった。おそらくこれはすでに決した状況を変えることはできなかったろう。しかし、4個の大隊サイズの突撃砲部隊の、たったひとつでもフィンランドにあったなら非常におもしろいことになったろう。実際カレリア地峡で近代兵器を装備していた装甲部隊の、実に75％はドイツ軍部隊だったのだ！　フィンランド軍戦車師団が装備していた戦車の大多数は、当時すでに旧式で、ソ連軍戦車にたいして無力だったのである。

1944年7月、サッキヤルヴィにおけるIV号突撃砲。

あとがき

◆極北の森に迷い込んだ戦車隊　　カリ・クーセラ

　第二次世界大戦とドイツ戦車といえば、普通誰でも敵領内に深く貫入し、急進撃する装甲された衝角部隊のイメージを持つことだろう。突破によって敵は降伏し、町は急速な勝利によって生まれた捕虜によってあふれかえる。

　このようなシナリオは、フィンランドでは実際のものとはならなかった。1941年から1942年までのフィンランドでのドイツ戦車の運用は、現在でも興味深いテーマである。これは北部フィンランドで初めて大規模に戦車が運用された例である。ドイツ戦車はその他の部隊とともに、完全に戦車に不向きな土地で行動することを強いられたのである。

　1941年夏、いわゆる継続戦争が勃発したとき、3つの戦車大隊が東方へ進撃した。このうちのたった1つだけがフィンランド軍のもので、残りの2つはドイツ軍だった。すべての大隊は戦車の運用に不向きな土地で行動しなければならなかった。いくつか説明のつかない理由で、戦車が成功裏に運用できたであろう、戦車にふさわしい場所、カレリア地峡には戦車部隊は配備されなかった。振り返ってみると、なぜこのような決定が下されたか理解に苦しむ。この決定は完全に間違いであった。

　1944年6～7月の継続戦争中の最も危機的な時期に、フィンランドに展開した近代的な戦車の3分の2はドイツ軍のものであった。このとき戦車は、カレリア地峡とヴィープリ湾周辺という、行動に適した地形で使用された。しかしながら戦車の使用はいくつかの理由から限定的であり、実際にはもっと有効に活用される可能性があったろう。

　本書の著者は、本書の調査に協力していただいたすべての個人、団体に心からの感謝の念を表したい。著者はとくにフィンランドおよびドイツの軍事公文書館とその親切なスタッフに礼を述べたい。そして本書の出版を助けてくれた、多くの旧軍人および収集家にも感謝している。

　本書は資料の不足から、第二次世界大戦中にフィンランドで活動したドイツ戦車部隊とその運用に関する、決定版ということはできない。であるから、もし情報や意見をお持ちの方がいらっしゃれば、ぜひお聞かせ願いたいと思う。そうした方々は出版社経由で著者にご連絡いただければ幸いである。

著　者

◆初めて明らかになった極北の戦車戦　　斎木伸生

　本書はフィンランドで戦ったドイツ戦車隊の活動について解説した本である。このような題材はこれまで取り上げられたことはほとんどなく、本書はまさに希有で貴重な存在といえよう。著者はフィンランド戦車隊協会会員で、以前パロラ戦車博物館長も勤めた経験も持つ、フィンランドでも一級の戦車研究家であり、この種の本を編むのにこれほど適した人物もいないだろう。

　著者は本書の記述にあたっては、極力一次資料にあたり、現実に現地で戦った当事者へのインタヴューも試みており、記述に関する信頼性は高い。実際同じ研究者として、著者の地道な調査には感服させられる。

　本書の内容は訳者にとっても極めて興味深いものであった。だいたいがフィンランド戦線というものは、独ソ戦の中でも主戦場でなくおまけのような戦場で、当時のドイツ軍も後世の歴史家、研究者、軍事ファンもたいして気にもとめていなかった。このため、高名な軍事著作者パウル・カレルにしても、その著書「バルバロッサ作戦」の中で、ごく簡単にムルマンスク攻略「銀狐作戦」の顛末に触れたに過ぎない。

本書を読むといかに極北での戦闘行動が困難であったかが非常によくわかる。正確に言うとそこでは「戦闘」よりも「行動」そのものが一大事業だったと言えそうだ。こういう点から、もはや物故されてしまったパウル・カレル氏への後追い批判はためらわれるが、カレル氏の「バルバロッサ作戦」が定説となっている感があるだけに、一言もの申したくなる。

　彼は「バルバロッサ作戦」の中で、ドイツ軍がフィンランド側の助言によって3カ所に分かれてムルマンスク鉄道を攻撃したことを批判し、1カ所にまとまって攻撃すべきだったと考察しているが、これは本書の記述にしたがって検討すると、どうやら現実に即したものとはいえないようだ。

　おそらくパウル・カレル氏にしてもこのような副次的戦場については、ごく限定的な資料にあたっただけで、現地フィンランドに足を運んだことはないのではないだろうか。我々は本書によって、フィンランドのパウル・カレルを得ることができたようだ。

　また本書を読むと一般に抱きがちな、戦車が「無敵」だというイメージは完全に否定されてしまうのも興味深い。本書によれば、戦車は極北のツンドラや東カレリアの原始的な湿地と森林地帯では、「無敵」どころか場合によってはお荷物にさえなったのである。この事実は、本書の時期を数年さかのぼる冬戦争（1939～40年のソ連のフィンランド侵略戦争）で、なぜフィンランド軍があれだけ頑張ることができたかの一端を、あきらかにしてくれている気がする。

　こうした研究書としての意義だけでなく、本書は一般の読者をも十分楽しませてくれるものだと思う。それは本書中に多数ちりばめられた、当時の生き生きとした珍しい写真の数々である。これらの写真は、これまで見たことのないものか、あるいは見たことがあっても、その撮影背景がわからなかったものばかりである。

　とくにⅠ号、Ⅱ号、Ⅲ号戦車初期型のクリアーな写真、ドイツ軍で使用されたフランス戦車の珍しい写真、Ⅳ号突撃砲の写真で使用部隊と場所がはっきりわかった例などは、ドイツ軍研究者、ファンにとっては、何物にも代えがたい価値を持つことであろう。

　さて本書はフィンランドに展開した「ドイツ」の戦車部隊に限定した著作であったが、読者諸兄の中には、フィンランド戦では「ドイツ」だけでなく「フィンランド」の戦車部隊も大活躍したことをご存じの方も多数いらっしゃるのではないだろうか。本書をご購入の方の中にも、そうした「フィンランド」戦車隊に関する記述がないことを、残念に思われた方もいらっしゃるかもしれない。

　そういう方はご安心いただきたい。幸いなことに現在著者は、そうした読者の期待に応えるべく、フィンランド軍突撃砲部隊の著作を執筆中と聞く。外国であるドイツ戦車隊の執筆でも、これだけ資料を渉猟した著者のことであるから、母国であるフィンランド突撃砲部隊ともなれば、その内容は全く非のうちどころのない折り紙付のものとなろう。その著作は何より訳者自身が早く手にし、読了したいものだ。もっとも訳者として恐れるのは、著者の完全主義故の執筆の遅れだが、これはある意味喜ばしい悩みというべきか。

　末筆であるが訳者は本書をご購入いただいた読者の方に心から御礼申し上げたい。訳者としては以前からこの極北の戦線に興味を抱いていた読者の方も、本書で初めてこのような忘れられた戦場に関する知見を得た方も、今後もこの極北の戦線に興味を持ち続けていただければ幸いである。

　また本書の編集にあたったアートボックスの市村弘氏、ブンデスアーカイフからの写真の取り寄せにお骨折りになった高橋慶史氏他、出版に関係したすべての方に御礼申し上げたい。訳者にとっては、今回の翻訳は最高に楽しめる仕事であった。パルヨン・キートクシア！

訳　者

訳者紹介

斎木伸生（さいきのぶお）1960年12月5日生。東京都足立区出身。いて座、血液型B型。早稲田大学政経学部卒業、早稲田大学大学院法学研究科修士課程修了、同博士課程修了。国際条約史論専修。経済学士。法学修士。外交史と安全保障を研究、ソ連・フィンランド関係とフィンランドの安全保障政策が専門。「フィンランド安全保障政策の形成と態様～その歴史的展開」で修士号取得。学生時代から広く執筆活動を行い、現在は軍事評論家として、各種雑誌専門誌に寄稿している。もともと模型製作を趣味にしており、それが高じて研究分野に進んだ。その関係で、第二次世界大戦中の戦史や戦車についての趣味的な造詣も深い。最近はヨーロッパ小国の安全保障をテーマにフィンランドだけでなく、東欧中欧を中心に各国を渡り歩く。英独露芬語に通じる。著書「戦車隊エース」（コーエー）「ソ連戦車軍団」（並木書房）「異形戦車おもしろ大百科」「ドイツ戦車発達史」「タンクバトルⅠ」「タンクバトルⅡ」（光人社）、「欧州火薬庫潜入レポート」「世界の無名戦車」「世界のPKO部隊（共著）」「NATO（共著）」（三修社）、「Ⅳ号中戦車1936~1945（翻訳）」「38式軽駆逐戦車1944～45（翻訳）」（大日本絵画）他、「週刊プレイボーイ」「丸」「PANZER」「軍事研究」「コンバットマガジン」「アーマーモデリング」等に多数寄稿。

フィンランドのドイツ戦車

発行日　2002年6月25日　初版第1刷

著　者　カリ・クーセラ
訳　者　斎木伸生
発行者　小川光二
発行所　株式会社大日本絵画
　　　　〒101-0054　東京都千代田区神田錦町1丁目7番地
　　　　http://www.kaiga.co.jp
電　話　03-3294-7861（代表）
編　集　株式会社アートボックス
装　丁　寺山祐策
印刷／製本　大日本印刷株式会社

WEHRMACHTIN PANSSARIT SUOMESSA
©2000 KARI KUUSELA
Original Finnish book published in 2000 by Wiking-Divisioona Oy Helsinki
Japanese edition published in 2002 by Dai Nippon Kaiga Co.,Ltd
©2002 Dainippon Kaiga